编委会

宁夏奶牛精准化
健康养殖技术规程

◎宁夏回族自治区畜牧工作站◎宁夏回族自治区兽药饲料监察所◎宁夏大学◎编

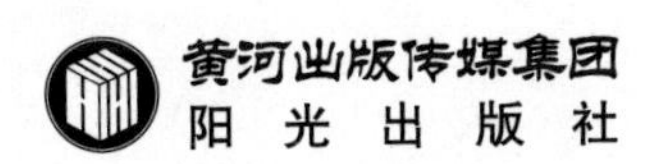

图书在版编目(CIP)数据

宁夏奶牛精准化健康养殖技术规程 / 宁夏回族自治区畜牧工作站，宁夏回族自治区兽药饲料监察所，宁夏大学编. -- 银川：阳光出版社，2024.4
ISBN 978-7-5525-7278-0

Ⅰ.①宁… Ⅱ.①宁…②宁…③宁… Ⅲ.①乳牛-饲养管理-技术规范-宁夏 Ⅳ.①S823.9-65

中国国家版本馆CIP数据核字(2024)第096983号

宁夏奶牛精准化健康养殖技术规程　　宁夏回族自治区畜牧工作站
宁夏回族自治区兽药饲料监察所　编
宁　夏　大　学

责任编辑　申　佳
封面设计　赵　倩
责任印制　岳建宁

黄河出版传媒集团
阳　光　出　版　社　出版发行

出 版 人　薛文斌
地　　址　宁夏银川市北京东路139号出版大厦(750001)
网　　址　http://www.ygchbs.com
网上书店　http://shop129132959.taobao.com
电子信箱　yangguangchubanshe@163.com
邮购电话　0951-5047283
经　　销　全国新华书店
印刷装订　宁夏凤鸣彩印广告有限公司
印刷委托书号　(宁)0029473

开　　本　880 mm×1230 mm　1/16
印　　张　16.5
字　　数　320千字
版　　次　2024年4月第1版
印　　次　2024年4月第1次印刷
书　　号　ISBN 978-7-5525-7278-0
定　　价　88.00元

序

牛奶产业是关系健康中国、强壮中华民族的战略性产业和标志性行业。随着国家奶业振兴计划的实施，宁夏回族自治区党委高度重视，把奶产业作为宁夏农业的“拳头”产业培育，“十三五”确定奶产业为自治区九大产业，第十三次党代会将牛奶产业列为农业“六特”产业。

宁夏地处中纬度内陆，干燥少雨，光照充足，舒适的生长环境、偏碱性的饲草和水质，生产出香气浓郁、滋味甘醇的牛奶。依托良好的区位优势和政策措施，宁夏奶牛养殖和牛奶产业发展保持强劲势头。截至 2022 年，宁夏荷斯坦奶牛存栏 83.7 万头，单产 9 400 kg、规模化养殖比例达 99%、生鲜乳产量 342.5 万 t、全产业链产值 704 亿元，对拉动宁夏农业总产值增长做出重要贡献，在脱贫攻坚和乡村振兴战略中发挥重要作用。宁夏已成为世界公认的黄金奶源带、我国名副其实的优质奶源生产基地、全国奶业优质高效安全发展的一面旗帜。

《宁夏奶牛精准化健康养殖技术规程》是宁夏回族自治区畜牧工作站、宁夏大学农学院、自治区兽药饲料监察所等单位依托宁夏黄河流域生态保护和高质量发展科技支撑专项研究集成的一部专业性、实用性工具书。本书汇聚了数十年宁夏荷斯坦奶牛的高效养殖经验，凝练了规模奶牛场健康养殖的关键核心技术，是指导宁夏牛奶产业走向高品质、高端化、高质量发展的纲领性技术标准，也是引领我国奶牛产业升级换档、做大做强的技术规范。

本书代表了我国最前沿的奶牛养殖技术水平，成果领先、内容丰富，系统收录了奶牛健康养殖全产业链 8 个关键环节的技术规程 35 项。一是奶牛场选址布局与建设技术规程 3 项，设定夏季风扇喷淋、犊牛岛、TMR 加工区技术参数，对奶牛场规模、选址布局与建设，设施设备选型配置进行系统性规范；二是奶牛场育种与后备牛培育技术规程 3 项，确定了后备牛培育指标参数、奶牛良种登记内容，形成育种与后备牛培育技术标准体系，实现了精准化早期选种，加快育种进度；三是奶牛场高效繁殖技术规程 3 项，创建奶牛同期排卵定时输精技术和胚胎移植繁育技术体系；四是奶牛营养与饲养管理技术规程 4 项，建立新生犊牛初乳的饲喂程序、哺乳犊牛的断奶标准，实现全混合日粮精准加料和混匀度评价、提高干奶牛日粮营养水平和泌乳牛舒适度；五是奶牛场优质饲草料加工调制技术规程 4 项，制定高水分玉米湿贮技术、优化青贮产品营养指标参数，提升青贮饲料的制作水平和饲喂效益；六是奶牛场疾病预防控制技术规程 6 项，对奶牛酮病临床分类治疗、球虫优势种确定和不同年龄段分类综合防治、牛传染性鼻气管炎进行有效预防控制；七是牛奶质量评鉴与控制技术规程 7 项，摸清影响生鲜乳安全的关键风险因子，明确生鲜乳不同类别检测指标的采样要求，通过电子交接单和电子视频动态监控，实现生鲜乳产贮运全流程闭环控制；八是奶牛场废弃物无害化处理与粪污资源化利用技术规程 5 项，量化了病死动物、危化废弃物和粪污资源化利用评价指标，建立“清洁回用”“种养结合”模式，建立资源化利用技术标准体系。

本书聚焦牛奶养殖全产业链，成果紧贴实际，数据翔实，论据充分。在标准制定过程中，认真梳理最新区内外牛奶产业发展的科技成果，全域调研宁夏规模奶牛场、奶牛散养户、乳品企业、饲草加工企业和粪污处理场成功经验，分析应用大批量 DHI 数据、生鲜乳安全监测数据、饲草料配方数据、奶牛疫病防控数据，优化相关技术参数，界定有关模糊概念，筛选有关关键指标，构建标准体系。标准形成过程中，宁夏农学会组织权威专家对标准体例格式，内容正确性、完整性、准确性反复论证。在实施的 35 项标准中，荷斯坦牛青年母牛全基因组选择技术规程等 24 项填补国家标准和行业标准缺失，宁夏优质生鲜乳质量等级评定技术规范等 11 项技术指标高于国标。

本书以技术标准的形式呈现，表述直观、逻辑清晰、易于使用。内容上以奶牛场选址、育种、繁殖、饲养管理、饲草料调制、疾病防控、牛奶质量控制、粪污处置的顺序编排，以便阅读者按照奶牛养殖全产业链发展规律循序渐进地学习和掌握。本书的阅读对象为从事管理、科研、教学、技术推广部门的畜牧兽医专业人员，从事牛奶产业的养殖场负责人、配种员、兽医、饲配、挤奶、质检人员，畜牧兽医专业大中专毕业生。本书是牛奶养殖企业的实用读本和口袋书，对引领奶牛规模化、集约化、规范化、精准化健康养殖，提升牛奶产业高质量发展具有重要意义。

在标准制定和本书编撰过程中，宁夏农学会、宁夏大学、自治区畜牧工作站、自治区兽药饲料监察所、自治区动物疾病预防控制中心、自治区草原工作站、自治区农业环境保护监测站、宁夏职业技术学院等单位专家给予了指导和审核，宁夏贺兰山农牧场、中地奶牛养殖中心、平吉堡牛奶场等技术负责人和专家给予了论证和配合，在此一并表示感谢。

因时间和能力所限，本书难免存在不足和瑕疵，请广大读者批评指正。

前　言

奶业是健康中国、强壮民族不可或缺的产业，也是食品安全的代表性产业、农业现代化的标志性产业和一二三产协调发展的战略性产业。宁夏是我国奶业优势区域重点地区和十大主产省区之一，在全国生鲜乳保供方面占有重要地位。“九五”以来，宁夏回族自治区党委、政府高度重视奶产业，一直将其作为发展地方经济的支柱产业和农业特色优势战略性主导产业，“十三五”确定为自治区“九大产业”的“拳头产业”，第十三次党代会又将牛奶产业列为农业“六特”产业，定位打造“高端奶之乡”。

宁夏牛奶产业主产区的宁夏平原素有“天下黄河富宁夏”“塞上江南、神奇宁夏”之美誉。地处北纬38° 上下，属典型温带大陆性气候，平均海拔1 000～1 200 m，年均日照3 000 h以上，降水量300 mm左右，气温8.5℃，日照充足、气候干爽、空气纯净，冬无严寒、夏无酷暑。独特的地理区位、气候条件为奶牛养殖提供了适宜的生态环境，奶牛既无冷应激，又无热应激，被国际社会公认为“黄金奶源带”。仰仗贺兰山庇护和黄河滋润，宁夏平原灌溉便利、地形平坦、土壤肥沃，优质的青贮玉米和苜蓿提供了奶牛养殖充足的饲草料，优越的养殖环境、独特的水草资源孕育出香气浓郁、滋味甘醇的牛奶。宁夏成为最适宜发展高端奶产业地区之一。2022年，宁夏奶牛存栏83.7万头、生鲜乳产量342.5万t，同比分别增长19.2%和22.1%，规模奶牛场355个，场均奶牛存栏2 300头，规模化养殖比例达到99%。成母牛单产达到9.4 t，同比增长2.2%。年内DHI测定泌乳牛9.07万头，305 d产奶量11 t，平均乳脂率3.96%、乳蛋白3.36%、SCC17.35万/mL，生产性能居国内领先水平，乳蛋白、细菌数等指标达到欧美国家标准。宁夏已成为我国名副其实的优质奶源生产基地、全国奶业优质高效安全发展的一面旗帜。

为提升宁夏牛奶产业竞争力和知名度，品种育良、品质培优、品牌做强，实现奶牛养殖全程标准化、精准化是关键抓手。宁夏畜牧工作站、宁夏大学、宁夏兽药饲料监察所和宁夏农垦乳业股份有限公司等产学研机构联合攻关，实施了2022年自治区重点研发计划“宁夏奶牛精准化健康养殖技术规程集成研究”项目。围绕奶牛场建设、良种选育、高效繁殖、奶牛营养和饲养管理、优质饲草料加工、疫病防控、牛奶质量控制及废弃物资源化利用等奶牛精准化健康养殖关键环节，设置了奶牛场选址布局与建设技术规范研究等8个课题，认真梳理近年区内外牛奶产业科技成果，实地调研宁夏全区具有代表性的规模奶牛场，研究制定了宁夏奶牛精准化健康养殖技术团体标准35项，凝练集成了适用于宁夏奶牛规模化、集约化养殖实际的国标、行标、地标等相关标准70余项。2023年2月，自治区农业农村厅组织专家对课题逐项验收，项目成果受到专家组充分肯定和一致赞誉。

“宁夏奶牛精准化健康养殖技术规程集成研究”项目研制的团体标准是近年来宁夏牛奶产业科技工作者辛勤耕耘的结晶，在充分吸收国内外当代奶业理论、前沿科技成果，总结凝集宁夏规模化、集约化奶牛养殖实践经验的基础上，经宁夏农学会多次组织专家研讨、审核、评审和验收，形成完整成套的标准体系，将其中具有自主知识产权的团体标准部分命名为《宁夏奶牛精准化健康养殖技术标准规程》。中共中央、国务院《国家标准化发展纲要》指出，标准供给由政府主导向政府与市场并重转变。对团体标准新时期发展壮大的空间和潜力，提供前所未有的机遇。本书成果立足于宁夏奶牛规模养殖实际，践行“调高线、推创新、补缺漏、显特色”的基本原则集合而成，与区内外奶业同行分享，对宁夏奶牛养殖领航全国意义重大。

本书代表了我国最前沿的奶牛养殖技术水平，成果领先、内容丰富，系统收录了奶牛健康养殖全产业链 8 个关键环节的技术规程 35 项：

奶牛场选址布局与建设技术规程 3 项。针对宁夏规模奶牛场布局及设施设计建筑、设备选型配置和保障安全生产等存在的问题，研制系列标准。对奶牛场规模、选址布局与建设，设施设备选型配置和保障安全生产进行了系统性规范，优化了夏季风扇喷淋、犊牛岛、TMR 加工区和牛舍基本结构等技术参数，提出了主要设备清单和设备选型等参数，梳理出保障安全生产各种风险点并提出了防范措施。

奶牛场育种与后备牛培育技术规程 3 项。针对宁夏规模奶牛场育种、良种母牛登记、后备牛培育中存在的突出问题，构建了宁夏规模化奶牛场育种与后备牛培育技术标准体系，推荐了后备牛培育指标的建议参数，明确了奶牛良种登记内容；研制了青年母牛全基因组选择技术规范。

奶牛场高效繁殖技术规程 3 项。为破解规模奶牛场繁殖力较低的难题，健全完善“奶牛同期排卵定时输精技术规程”，创建“荷斯坦奶牛胚胎移植繁育技术体系”，优化发情鉴定技术等奶牛繁殖技术体系。

奶牛营养与饲养管理技术规程 4 项。为科学规范奶牛各阶段饲养和准确评价其效果研制了关键环节技术规程，在全混合日粮加料精准度和混合均匀度的评价、新生犊牛初乳的饲喂程序、哺乳犊牛的断奶标准、干奶牛围产牛的日粮营养水平、泌乳牛的舒适度管理等方面具有创新性。

奶牛场优质饲草料加工调制技术规程 4 项。针对宁夏牛奶产业青贮玉米、苜蓿、饲用燕麦等饲草料加工调制关键环节中存在问题及质量要求，研制了优质粗饲料加工调制技术规程。创新性地研制了高水分玉米湿贮技术规程，降低了玉米籽粒加工运输的损耗，提高了消化利用率；优化了青贮产品粗蛋白、淀粉、乳酸等营养参数和 pH 值、丁酸安全质量参数。

奶牛场疾病预防控制技术规程 6 项。针对宁夏规模奶牛场卫生消毒、5 种疾病防控及生物安全防护等方面存在的问题，制定了相关技术规程。在奶牛场卫生消毒效果监测标准及量化评价、奶牛酮病临床分类治疗、球虫优势种确定和不同年龄段分类综合防治、牛传染性鼻气管炎预防接种程序优化及免疫效果评价等方面有创新性。

牛奶质量评鉴与控制技术规程 7 项。针对宁夏生鲜乳质量评价、养殖投入品使用、挤奶消毒及产贮运管溯源等环节存在的问题，研制了生鲜乳质量评鉴与控制的相关规范。摸清了影响生鲜乳安全的

3 个风险等级 17 项关键风险因子，确定了生鲜乳中氯离子本底，建立生鲜乳安全风险数据库，明确了生鲜乳中违禁物、微生物等 6 类检测指标的采样要求；创建挤奶和消毒融合规范流程、电子交接单和电子视频动态监控模式，实现了生鲜乳产贮运全流程闭环管理；制定奶牛散养户备案管理 3 项技术措施，解决了散养户生鲜乳监管技术难题。创建了生鲜乳质量监控标准体系 1 套，其中 4 项填补国标和行标缺失、3 项技术指标高于国标。

奶牛场废弃物无害化处理与粪污资源化利用技术规程 5 项。对宁夏规模奶牛场粪便、粪水、奶厅废水、病死动物及危化废弃物等收集、贮存、处理和利用等环节的突出问题，研制了相关技术规程。量化了病死动物、危化废弃物和粪污资源化利用评价指标，建立“清洁回用”“种养结合”模式，建立资源化利用技术标准体系。

本书以奶牛养殖全过程为主线，聚焦关键环节重点难点和急需破解的技术瓶颈，形成的成果紧贴实际、数据翔实、论据充分。在标准制定过程中，认真梳理最新区内外牛奶产业发展的科技成果，全域调研宁夏规模奶牛场、乳品企业、饲草加工企业和粪污处理场成功经验，分析应用大批量 DHI 数据、生鲜乳安全监测数据、饲草料配方数据、奶牛疫病防控数据，优化相关技术参数，界定有关模糊概念，筛选有关关键指标，构建标准体系。参与研制的产学研专业技术人员 50 余人，历经近 2 年的时间完成。在标准形成过程中，宁夏农学会组织权威专家对标准体例格式，内容正确性、完整性、准确性反复论证，修正完善。在实施的 35 项标准中，荷斯坦牛青年母牛全基因组选择技术规程等 24 项填补国家标准和行业标准缺失，宁夏优质生鲜乳质量等级评定技术规范等 11 项技术指标高于国标，契合了团体标准“调高线、推创新”的初衷，为引领宁夏牛奶产业绿色高质量发展，打造“高端奶之乡”，打响“宁夏牛奶”品牌创新了标准体系。

本书以奶牛养殖链的形式呈现，表述直观、逻辑清晰、易于使用。内容上以奶牛场选址、育种、繁殖、饲养管理、饲草料调制、疾病防控、牛奶质量控制、粪污处置的顺序编排，便于读者按照奶牛养殖全产业链发展规律循序渐进地学习和掌握。阅读对象为从事管理、科研、教学、技术推广部门的畜牧兽医专业人员；从事牛奶产业的养殖场负责人、配种员、疫病防治员、饲草料调制员、挤奶、质检人员；畜牧兽医专业大中专毕业生。本书成果具有较强的针对性和适用性，可成为宁夏牛奶产业行政管理决策的参考书、科研攻关目标的导向书、牛场老板经营的明白书、牛场职工作业的指导书，是奶牛养殖从业人员的实用读本和常备工具书。

在系列标准研制和本书编撰过程中，宁夏农学会、宁夏大学、自治区畜牧工作站、自治区兽药饲料监察所、自治区动物疾病预防控制中心、自治区草原工作站、自治区农业环境保护监测站、宁夏职业技术学院、宁夏农林科学院等单位专家给予了指导和审核；宁夏农垦乳业股份有限公司、宁夏贺兰山茂盛草业有限公司、贺兰优源润泽牧业有限公司、宁夏金宇浩兴农牧业股份有限公司、青铜峡市恒源林牧有限公司、中卫市光明万头奶牛养殖示范场、宁夏兴源达农牧有限公司、宁夏农垦乳业股份有限公司渠口牧场等单位技术专家密切配合并给予大力支持，在此一并表示感谢！

由于编者水平有限，虽做了力所能及的努力，本书仍不免存在不足，恳请广大读者批评指正。

目　录

ICS 65.040.10
CCS B 92

T/NAASS

宁夏回族自治区农学会团体标准

T/NAASS 009—2022

宁夏规模奶牛场建设技术规范

Technical specification for the construction of scale dairy farms in Ningxia

2022-11-11 发布　　　　2022-12-15 实施

宁夏回族自治区农学会　　发 布

前　言

本文件按照 GB/T 1.1—2020《标准化工作导则　第 1 部分：标准化文件的结构和起草规则》的规定起草。

请注意本文件的某些内容可能涉及专利。本文件的发布机构不承担识别专利的责任。

本文件由宁夏回族自治区科技厅提出。

本文件由宁夏回族自治区农学会归口。

本文件起草单位：宁夏回族自治区畜牧工作站、宁夏农垦乳业股份有限公司、宁夏回族自治区动物卫生监督所、宁夏大学、贺兰优源润泽牧业有限公司、宁夏回族自治区动物疾病预防控制中心、宁夏回族自治区兽药饲料监察所、宁夏金宇浩兴农牧业股份有限公司、吴忠优牧源奶牛养殖专业合作社、宁夏恒天然牧业有限公司。

本文件主要起草人：温万、路婷婷、周佳敏、孙志轶、周吉清、田佳、许立华、王玲、杜爱杰、刘维华、王琨、李艳艳、李委奇、徐寒、韩丽云、曹权、马丽琴、侯丽娥、马苗苗、张艳梅、金立彬、张倩、张转弟、王瑞、张睿、宫艳斌。

宁夏规模奶牛场建设技术规范

1 范围

本文件规定了宁夏规模奶牛场的术语和定义、选址、场区规划与布局、牛舍、运动场、挤奶厅、饲料加工储备区、粪污处理和资源化利用、卫生防疫等设施建设要求。

本文件适用于宁夏规模以上奶牛养殖场建设和改扩建，规模以下奶牛场可参照执行。

2 规范性引用文件

下列文件中的内容通过文中的规范性引用而构成本文件必不可少的条款。其中，注日期的引用文件，仅该日期对应的版本适用于本文件；不注日期的引用文件，其最新版本（包括所有的修改单）适用于本文件。

GB 5749　生活饮用水卫生标准

GB 7959　粪便无害化卫生要求

GB 8978　污水综合排放标准

NY 388　畜禽场环境质量：标准

NY/T 1167　畜禽场环境质量及卫生控制规范

NY/T 1567　标准化奶牛场建设规范

NY/T 2662　标准化养殖场　奶牛

NY/T 2698　青贮设施建设技术规范　青贮窖

3 术语和定义

下列术语和定义适用于本文件。

3.1 规模奶牛场（Scale daily fanns）

指奶牛养殖规模 1 000 头以上的奶牛养殖场。小规模养殖场 1 000~3 000 头、中规模养殖场 3 001~5 000 头、大规模养殖场 5 001~10 000 头、超大规模养殖场>10 000 头。

4 选址

4.1 应符合《中华人民共和国畜牧法》《中华人民共和国动物防疫法》的要求，符合当地土地利用发展规划、农牧业发展规划、农田基本建设规划。

4.2 位于主风向下风处，远离其他畜禽养殖场；距居民点 500 m 以上，距风景旅游区、自然保护区以及水源保护区 2 000 m 以上、与政府规划的特定区域保持规定距离；周围 1 000 m 以内无化工厂、畜产品加工厂、畜禽交易市场、屠宰厂、垃圾及污水处理厂、兽医院等容易产生污染的企业和单位；禁止在禁养区域建设养殖场。

4.3 交通便利，应距县道以上主干线公路 500 m 以上。电力供应方便充足，通信基础设施良好。

4.4 应距饲料来源较近，周边有满足需求的饲草料作物。

4.5 应建在地势高燥、背风向阳、地下水位在 2 m 以下，地面平坦而稍有坡度，地面坡度以 1%~3% 较为理想，最大不宜超过 5%。

4.6 地形应开阔连片，土质无污染，土壤质量应符合 NY/T 1167 规定。

4.7 水源充足，应保证奶牛场人畜饮水，还应保障饲草料的加工调制、挤奶机等用具的清洗、夏季棚舍喷淋、员工生活等生产用水。根据当地供水部门所核发的用水量核定，人饮用与生活用水推荐量 20~40 L/d/人、成母牛 70~120 L/d/头、育成牛 50~60 L/d/头、犊牛 30~50 L/d/头。水源水质应符合 GB 5749 要求。

4.8 应综合考虑当地的气象因素，空气环境质量应符合 NY/T 388 规定。

5 场区规划与布局

5.1 奶牛场包括生活管理区、生产区、辅助生产区、粪污处理区、病畜隔离区、危化学品储存区和医疗废弃物储存区等功能区。布局应符合 NY/T 1567 规定。

5.2 生活管理区包括职工生活和经营管理相关的设施建筑。应在奶牛场上风处和地势较高地段，并与生产区严格分开，保证 50 m 以上距离。

5.3 生产区包括牛舍、挤奶厅、生产管理室、繁育室、兽医室、兽药室等生产性设施。生产区应设在生活区的下风位置，入口处设人员消毒室、更衣室和车辆消毒池。生产区牛舍应合理布局，满足奶牛分阶段、分群饲养的要求，泌乳牛舍应靠近挤奶厅，各牛舍之间要保持适当距离，布局整齐，明确区分人流、牛流和物流通道。

5.4 隔离畜舍、兽医治疗室、病死牛暂存室和危化用品存放室等建筑应设在生产区外围下风地势较低处，与生产区保持 200 m 以上的间距，相对独立并有单独通道。

5.5 辅助生产区主要包括供水、供电、供热、维修、草料库等设施，应紧靠生产区布置。干草库、饲料库、饲料加工调制车间、青贮窖应设在生产区边沿下风地势较高处，各区域之间应布局合理、取用方便。

5.6 粪污处理场地应设在生产区的下风处，距生活区 200 m 以上，距牛舍 100 m 以上，有围墙及防护设备时可缩小至 50 m，应设有专门运出通道。贮粪场（池）的深度以不受地下水的浸渍为宜，底部做成防渗透材料或混凝土池底。贮粪场（池）的面积以粪污处理的设施设备及工艺不同而设计。应配套建设与养殖规模相匹配的液体粪肥储存池或氧化塘。

5.7 奶牛场与外界有专用通道，与交通干道连接。场内道路分净道和污道，两者严格分开，不应交叉混用。主干道路宽度应不低于 5 m，能保证顺利错车。支干道应与棚舍、草料库、产品库、贮粪场等连接，宽度不低于 4 m。道路上空 5 m 以内不应有障碍物。路面要求坚实、排水良好。道路的设置应不妨碍场内排水。道路两侧应有排水沟，并相应绿化。

注：净道指奶牛场用于牛只调入、牛群周转、工作人员进出工作区域及其之间行走、场内饲料等投入品运送及饲喂投料（喂奶）、生鲜乳运输等洁净通道。
污道指奶牛场专门划定用于粪污、各类废弃物及病死牛运输与出场的通道。

5.8 场区内合理种植适宜的草和树木，利于降低扬尘、净化空气、防疫、美化生产环境。

6 牛舍

6.1 牛舍建设应符合NY/T 2662 要求。

6.2 牛舍建筑应根据当地气候和牛场生产，因地制宜地采用开放式、半开放式或封闭式牛舍。

6.3 牛舍以坐北朝南或朝东南为宜，应保证太阳光线充足和空气流通。

6.4 屋顶宜采用双坡式屋顶。要求质轻、坚固耐用、防水、防火、隔热保温，能抵抗雨雪、强风等外力因素的影响。

6.5 牛舍地面要求致密坚实，应做专门化防滑处理，便于清洗消毒，配套相应的良好的清粪排污系统。

6.6 牛舍建议基本结构要求及尺寸参数见附录 A.1。

6.7 牛床应有一定的坡度，沙土、锯末或碎秸秆可作为垫料，也可使用橡胶垫层。牛床尺寸标准见附录 A.2。

6.8 颈枷设置见附录 A.3。

6.9 在牛舍中间通道、运动场及挤奶厅通道处应配套饮水设施，水槽长度 4~6 m，宜 12~15 cm/头，宽度 40~50 cm，深度 20~25 cm；水槽放置高度 70~80 cm，设计应利于日常清洗、排水。

6.10 泌乳牛舍应配套设置牛体刷，以间隔 30 m 配置 1 个为宜。

6.11 在距特需牛舍较近处建设犊牛岛特定区域。

注：犊牛岛由箱式牛舍和围栏组成，一面开放，三面封闭。放置在舍外朝阳、干燥的旷场上，冬暖夏凉。犊牛单栏饲养，便于工人对犊牛和其生活环境的清洁与消毒，避免犊牛间互相吸吮，改善犊牛的生活环境，降低下痢和胃肠炎的发病率。

7 运动场

7.1 运动场可按50~100头为单元用围栏分隔成相对独立的管理区域。运动场内配套建设相匹配的凉棚，棚顶应隔热防雨。运动场及遮阳棚建议面积参数见附录B。
7.2 地面平坦、中央高，向四周方向呈一定的缓坡度状。
7.3 根据实际情况，优先考虑在采食通道中间设饮水槽，其次可设在围栏周边，饮水槽为长方形或圆形，设在运动场东侧或西侧，水槽周围应铺设3 m宽的水泥地面。根据实际需要在围栏边设置舔砖槽。
7.4 运动场周围可用钢管、水泥桩柱或电围栏建设高1.2~1.6 m的围栏，栏柱间隔1.5~3 m，要求结实耐用。

8 挤奶厅

8.1 挤奶厅包括挤奶大厅、待挤区、设备室、收奶间、休息室、资料室、化验室、储物间、配电室等。
8.2 挤奶厅应建在养殖场的上风处或中部侧面，有专用的运输通道，不可与污道交叉。
8.3 挤奶大厅的通风和光照应符合《奶牛标准化规模养殖生产技术规范（试行）》农办牧〔2008〕3号）的要求。
8.4 挤奶厅的墙可以采用防水的玻璃丝棉作为墙体中间的绝缘材料或采用砖石墙。
8.5 挤奶厅地面要求做到经久耐用、易于清洁、防滑（铺设防滑垫）、防积水。地面中间需设计不少于1个排水口，地面坡度到排水沟坡度要求为1%。排水沟底部坡度2%，排水口最低点设置拦污网。
8.6 挤奶厅，待挤区、回牛通道的光照强度应便于工作人员进行相关的操作。
8.7 挤奶厅可设计为2层，第2层作办公室、会议室、接待室、监控室。
8.8 待挤厅应与挤奶厅畅通相连，面积不低于容纳1次挤奶2倍的牛头数。待挤厅可配置喷淋、风扇防暑设施和分群门等牛群管理设施。出口设置分牛门、驱赶门，待挤区最远端处设置蹄浴池、修蹄区域。待挤区地面应配备相应的粪污回冲收集设施设备。
8.9 设备室应配备与挤奶设备相匹配的机械设备。应留有足够的空间以便操作，同时还要为将来可能购置的设备留空间。宜采用卷帘门，方便进出设备室。应有良好的供水、光照、排水、通风。
8.10 收奶间应根据实际情况配备收奶、速冷、清洗设施设备。
8.11 休息室应配备卫生间，用于工作人员休息。
8.12 资料室用于保存所有的生产数据，也可设为监控室。
8.13 挤奶厅应配备专门配电室，配备相适应的2次配电柜，三相五线制，根据用电负荷，配备相应的电线。具有独立的发电系统与供电系统。
8.14 应配置专门的储物间用于保存挤奶所需的物品。
8.15 挤奶厅应配备抗原检测化验室。
8.16 挤奶厅门口应设有称奶地磅。

9 饲料加工储备区

9.1 饲草料加工储备区包括精饲料库、粗饲料棚、青贮窖等，应与生产区域有适当的间隔距离。
9.2 精饲料库可设计为半敞开式结构，应具备防水、防潮、防火、防鼠、防鸟等功能，地面混凝土硬化，应满足各种饲草料原料分类储存的要求，并便于进行不同配方的操作，能够保证取料机械正常作业。
9.3 粗饲料棚应为钢结构，轻钢屋架，单层彩钢板双坡屋面，高度7~10 m为宜，地面坡度1%，做硬化和防潮处理，配备相应的防火消防设施。
9.4 青贮窖的容积应保证每头牛不少于7 m^3。建设应按NY/T 2698执行。
9.5 青贮窖（池/台）应设置窖液收集沟，窖液收集池。排水良好，防止雨水污染。
9.6 每次使用青贮窖前都要进行清扫、检查、消毒和维修。
9.7 青贮窖（池/台）应建在场区周边，交通便利，留有足够的空间。
9.8 TMR加工区地面要平整硬化，各种车辆运行自如，行走距离最短，青贮、干草、精料的距离相对较近，设置TMR 加水设施。

10 粪污处理与资源化利用

10.1 牛粪堆放和处理应有专门的场地，设在养殖场生产及生活管理区主风向的下风向或侧风向。根据 环境要求，搭建防雨棚，必须远离地表水体（距离不得小于 400 m）。

10.2 配套粪便和污水处理设施，实行干湿分离、雨污分流、污水分质输送，符合环保和循环利用要求。

10.3 对粪污水应采用暗道收集系统，中间设置检查井，检查井间距 30 m。

10.4 可在牛舍檐下设计雨水收集槽、收集池，做到雨污分流。

10.5 固体粪便处理后符合 GB 7959 规定方可运出场外。污水经处理后符合 GB 8978 规定才可排放。

11 卫生防疫

符合《中华人民共和国动物防疫法》及 NY/T 2662 规定。

附 录 A
（资料性）
牛舍、牛床和颈枷建议尺寸参数

A.1 牛舍建议基本结构要求及尺寸参数

牛舍建议基本结构要求及尺寸参数见表 A.1。

表 A.1 牛舍建议基本结构要求及尺寸参数

基本结构	参数
跨度	中间饲喂，四列卧栏 29~35 m
长度	>0.75 m/头（成母牛）牛舍长度 m=泌乳牛数量 *0.75/2 >0.6 m/头（育成牛）牛舍长度 m=青年牛数量 *0.6/2 >0.5 m/头（断奶犊牛）
顶高	7~9 m
檐高	3.8~4.5 m
屋顶坡度	1:3~1:5
门	门宽 2~5 m，门高不低于 2.6 m（成乳牛、青年牛） 门宽 1.8~4 m，门高不低于 2.6 m（育成牛、犊牛） 宜考虑卷闸门、双开门
窗	窗户总面积一般为牛舍面积的 8% 窗距地面高 1.8~3 m，考虑通风及采光要求 南窗数量宜多，北窗数量宜少
牛只采食通道宽	3~4 m
采食通道与饲喂通道高差	10~20 cm
卧栏通道宽	3~4 m
饲喂通道宽	4.5~5.5 m
车辆转弯半径	6~12 m
清粪通道	宽度 3~4 m，通道地面应向粪沟倾斜，坡度 0.5%~1%
采食通道和卧栏通道防滑槽	梯形槽：上宽 2 cm、底宽 0.8 cm、深 2 cm、间隔 6 cm
挡风墙	冬季开放式牛舍西北侧配备临时障碍物挡风，高度≥2 m，防风性好
大通铺	8~11 m²/头
围产圈	≥10 m²/头
牛舍风扇安装角度	30°~50°
牛舍风扇安装位置	采食通道上方，距采食通道不低于 2.6 m 卧床的上方，高度 1.6~2.6 m
牛舍喷淋安装角度	向着牛背方向 45°
牛舍质淋安装位置	位于颈枷上方，距离采食通道垂直高度 1.9 m
犊牛岛/栏	长宽高分别为 2.3 m、1.5 m、1.5 m 建议按照总存栏数 10%的比例配置犊牛岛，放置在舍外朝阳、干燥通风的场地上
电动体刷	根据实际情况选装
照明	符合牛舍建设标准
供电	供电配套符合生产需要和国家标准

A.2 牛床建议尺寸参数

牛床建议尺寸参数见表 A.2。

表 A.2 牛床建议尺寸参数

牛别	长度（m）	宽度（m）
成母牛	1.70~1.80	1.10~1.20
围产期牛	1.80~2.00	1.20~1.25

续表

牛别	长度（m）	宽度（m）
青年母牛	1.50~1.60	1.00~1.10
育成牛	1.30~1.40	0.95~1.05
犊牛	1.00~1.10	0.80~0.90

A.3　颈枷设置

颈枷设计见图 A.1，颈枷宽度和高度要结合不同牛群设计见表 A.3。

表 A.2　牛床建议尺寸参数

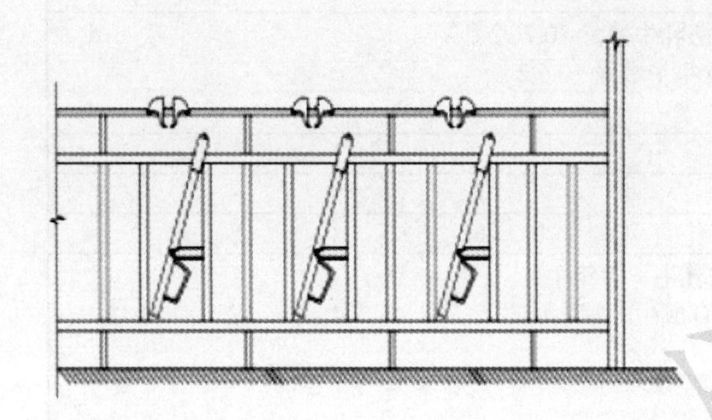

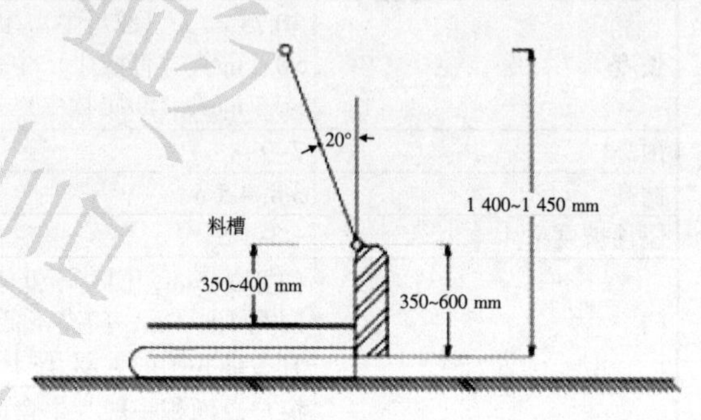

表 A.3　不同牛群颈枷建议尺寸参数

牛别	犊牛	育成牛	青年母牛	育成牛奶
高度	1.2 m	1.4~1.6 m	1.6~1.7 m	1.7~1.8 m
宽度	55~70 cm			

附　录　B
（资料性）
运动场及遮阳棚建议面积建议参数

B.1　运动场及遮阳棚建议面积建议参数

运动场及遮阳棚建议面积建议参数见表 B.1。

表 B.1　运动场及遮阳棚建议面积建议参数

项目	成母牛（m^2/头）	青年母牛（m^2/头）	育成牛（m^2/头）	断奶犊牛（m^2/头）
运动场	15~20	15	10	8
遮阳棚	4	3	3	

参 考 文 献

[1] 《奶牛标准化规模养殖生产技术规范（试行)》（农办牧〔2008〕3号）
[2] 《中华人民共和国畜牧法》
[3] 《中华人民共和国动物防疫法》

ICS 65.040.10
CCS B 92

T/NAASS

宁 夏 回 族 自 治 区 农 学 会 团 体 标 准

T/NAASS 010—2022

宁夏规模奶牛场设施设备标准化配置技术规范

Technical specification for standardized configuration of facilities and equipment for scale dairy farms in Ningxia

2022-11-11 发布

2022-12-15 实施

宁夏回族自治区农学会　　发 布

前　言

本文件按照 GB/T 1. 1—2020《标准化工作导则　第 1 部分：标准化文件的结构和起草规则》的规定起草。

请注意本文件的某些内容可能涉及专利。本文件的发布机构不承担识别专利的责任。

本文件由宁夏回族自治区科技厅提出。

本文件由宁夏回族自治区农学会归口。

本文件起草单位：宁夏回族自治区畜牧工作站、宁夏农垦乳业股份有限公司、贺兰优源润泽牧业有限公司、宁夏金宇浩兴农牧业股份有限公司、吴忠优牧源奶牛养殖专业合作社、宁夏恒犬然牧业有限公司。

本文件主要起草人：温万、路婷婷、周佳敏、孙志轶、周吉清、田佳、许立华、王玲、杜爱杰、刘维华、王琨、李艳艳、张伟新、李委奇、徐寒、韩丽云、曹权、刘超、马丽琴、侯丽娥、马苗苗、张艳梅、金立彬、张倩、张转弟、王瑞、张睿、宫艳斌。

宁夏规模奶牛场设施设备标准化配置
技术规范

1 范围

本文件规定了宁夏规模奶牛场的术语和定义，规模奶牛场设施设备标准化配置的奶牛饲喂设施设备、挤奶设备、环境控制设备、粪污处理设施设备、奶牛保健与良繁设施设备及其他设施设备。

本文件适用于宁夏规模养殖场设施设备选型配置，规模以下奶牛场可参照执行。

2 规范性引用文件

下列文件中的内容通过文中的规范性引用而构成本文件必不可少的条款。其中，注日期的引用文件，仅该日期对应的版本适用于本文件；不注日期的引用文件，其最新版本（包括所有的修改）适用于本文件。

GB/T 5458 液氮生物容器
GB/T 8186 挤奶设备结构与性能
GB/T 26624 畜禽养殖污水贮存设施设计要求
GB/T 27622 畜禽粪便贮设施设计要求
NY/T 2203 全混合日粮制备机 质量评价技术规范
NY/T 2459 挤奶机械 质量评价技术规范

3 术语和定义

下列术语和定义适用于本文件。

3.1 规模奶牛场（Scale daily fanns）

指奶牛养殖规模 1 000 头以上的奶牛养殖场。小规模养殖场 1 000~3 000 头、中规模养殖场 3 001~5 000 头、大规模养殖场 5 001~10 000 头、超大规模养殖场>10 000 头。

4 奶牛饲喂设施设备

4.1 TMR 搅拌机

4.1.1 质量要求

按照 NY/T 2203 要求执行。

4.1.2 容积配置

4.1.2.1 搅拌机装载量占容积 70%~85%为宜。
4.1.2.2 小型养殖场宜选择 12~24 m^3 的设备。
4.1.2.3 中型养殖场宜选择 16~24 m^3 的设备。
4.1.2.4 大型和超大型养殖场宜选择 28~40 m^3 的设备。
4.1.2.5 建议至少购置 2 台 TMR 车，或者购置 1 台备用机。

4.1.3 选型

4.1.3.1 应根据牛群规模、牛舍建筑等选择 TMR 搅拌机。
4.1.3.2 小型养殖场宜采用牵引式的 TMR 搅拌车进行配送。每天投料 3 次，设备每天的工作时间为 6~8 h。

4.1.3.3 中型和大型养殖场宜采取固定搅拌饲喂系统，配置相应的饲草料配送车辆。
4.1.3.4 超大型建议采取自动中央 TMR 中心，配备称重系统、精料库传送带和多台配发料卡车。

4.2 TMR 配套设施设备

4.2.1 饲料搅拌站

4.2.1.1 应位于干草棚和精饲料库附近。
4.2.1.2 搭建防雨遮阳棚，檐高不低于 7 m，棚内面积不低于 300 m^2，便于机械作业。
4.2.1.3 地面混凝土厚度 15~20 cm，内设精饲料原料、饲料添加剂储存区。
4.2.1.4 配备固定式或移动式 TMR 制备机、粉尘除尘等设备。

4.2.2 饲料装载机

养殖场应根据饲养规模配置适宜的装载机。

4.2.3 撒料机

养殖场应根据饲养规模配置撒料拖拉机。

4.2.4 推料车

应配置不少于 3 台 25~65 HP 动力输出、经过改造装有前或后推料板的拖拉机。

4.2.5 青贮取料机

应配置取料机或装载机取料。

4.3 饮水设备

应在牛舍和运动场边设加热型水槽，冬季要求水温不低于 15℃，按照每头牛 12~15 cm 长度配置，水槽宽度 40~50 cm，深度 20~25 cm，放置高度 70~80 cm。

4.4 犊牛饲养设施设备

4.4.1 在距产房较近处设置犊牛岛/栏，建议按照成母牛存栏数 20%~50%的比例配置犊牛岛。犊牛岛长 ≥2 m、宽≥1.2 m、高≥1.4 m，围栏长≥3.0 m、宽≥1.6 m；应具备良好的保温隔热功能，应配备精料桶、奶桶和水槽。

注：犊牛岛由箱式牛舍和围栏组成，一面开放，三面封闭。放置在舍外朝阳、干燥的旷场上，冬暖夏凉。犊牛单栏饲养，便于工人对犊牛和其生活环境的清洁与消毒，避免犊牛间互相吸吮，改善犊牛的生活环境，降低下痢和胃肠炎的发病率。

4.4.2 配套与犊牛喂奶量相匹配的初乳储藏、检测以及用于常乳巴杀和饲喂的设施设备。

5 挤奶设备

5.1 规模奶牛场应根据挤奶牛的头数和预算挤奶班次时长、预计奶量、乳房健康状况和经济状况等，科学选择适宜的鱼骨式、并列式、转盘式挤奶机及储奶设备，详见附录 A。
5.2 挤奶机的材质、设计、结构、安装以及质量按照 GB/T 8186、NY/T 2459 规定执行。
5.3 挤奶厅应设立专门的洗消间，配备洗衣机、烘干机及擦乳头纸。
5.4 待挤区最远端处设置蹄浴池。
5.5 配备专用奶罐运输车，车辆应取得当地县级畜牧兽医主管部门核发的生鲜乳准运证明。

6 环境控制设备

6.1 环境监控系统

应在牛舍内配置温湿度智能控制设备，每天测量牛舍内的温湿度。

6.2 环境控制设施设备

6.2.1 自然通风

牛舍屋顶形式对自然通风效果影响较大，推荐屋顶坡度在 4∶12~6∶12 最为有效，至少是 3∶12。

6.2.2 风扇

6.2.2.1 在采食通道站牛位上方距采食通道不低于 2.6 m，每 6 m 安装 1 台内径 1~1.25 m 的风扇；头对头卧床上方 1.6~2.6 m，每 6 m 安装 2 台内径 1~1.25 m_ 风扇；单列卧床中间固定立柱卧牛侧上方 1.6~2.6 m，每 6 m 安装 1 台内径 1~1.25 m，或者每间隔 18 m 安装 1 台直径>2 m 的风扇。

6.2.2.2 在待挤厅前 2/3 处和待挤厅回牛通道上方，内径 1~1.25 m，密度不低于 9 m^2/台（间距：横向 1.5 m、纵向 6 m 或横向 3 m、纵向 3 m）；或者直径≥2 m 风扇，密度不低于 36 m^2/台（间距：横向 6 m、纵向 6 m），高度高于赶牛器、清粪车 20 cm 处，角度 20°~30°。

6.2.2.3 产房风扇 9 m^2/台，与待挤厅一致。

6.2.3 喷淋喷雾

6.2.3.1 牛舍采食道喷淋使用 180°喷头，安装高度为从喷淋管道底端至主粪道 1.9 m，每个喷头间距 1.8 m，间歇性喷淋使用。

6.2.3.2 待挤厅喷淋使用 360°喷头，安装高度需高于赶牛器或清粪设施 20~30 cm，每个喷头间距为 1.5 m，间歇性喷淋。

6.2.3.3 喷淋设施要选择大水滴喷头（直径 2 mm 左右），能透过被毛打湿牛体表皮，在风扇下方安装喷雾系统，根据环境温度，间歇性喷淋。

7 粪污处理设施设备

7.1 粪污收集

7.1.1 规模养殖场清粪有铲车清粪、刮粪板清粪、水冲清粪、漏缝地板、吸粪车等方式。

7.1.2 中小型养殖场宜采用漏缝地板或铲车清粪，将铲车、拖拉机改装成清粪铲车，或者购买专用清粪车辆、小型装载机进行清粪。

7.1.3 中型和大型养殖场宜采用刮粪板、吸粪车清粪，刮粪板按 200 头/套进行配置。同时应配置清粪铲车。

7.1.4 奶牛场的排水管路应实行雨污分离。

7.1.5 应在挤奶厅旁边修建 1 个暂存水池，配备外排系统，用于存储冲洗挤奶厅的粪便及清洗设备的水，沉淀后上清液用于冲洗待挤区。

7.2 粪污处理

7.2.1 固液分离

——中小型养殖场宜选择固液分离，固体部分可做堆肥处理或做垫料回床。污水进入氧化塘经发酵用于农田灌溉。

——固液分离分为镜面分离挤压、螺旋挤压、滚筒式挤压和螺旋挤压增温杀菌等技术，规模养殖场可根据需求配置。中小型养殖场可配置 2~3 套镜面挤压设施设备，大型养殖场宜选择不少于 4 套镜面分离挤压设施设备或不少于 10 套螺旋式挤压设施设备。

——粪便堆放、液态污水贮存等设施设计建设、容积等应符合 GB/T 27622、GB/T 26624 和农业部办公厅《畜禽规模养殖场粪污资源化利用设施建设规范（试行）》的要求。

7.2.2 厌氧发酵与沼气利用

——大型养殖场宜选择沼气工程，污水和部分固体进行厌氧发酵、氧化塘等处理，将沼渣沼液作为有机肥料进行农田利用。

——发酵原料预处理主要设施包括料液的收集与输送管道（渠）、格栅、沉砂池、调节池（调配）、集料池、固液分离设施、热交换器、水泵等。

——沼气生产主要设施是厌氧反应器。厌氧工艺有全混合厌氧工艺、升流式固体厌氧反应器、上流式厌氧污泥床反应器和厌氧折流反应器等。

——沼气净化和贮存主要设施有沼气的脱水装置、脱硫装置、过滤器等，以及低压湿式贮气、低压干式贮气等。

——沼气利用主要设施有发电机组、集中供暖、供热、沼气锅炉等。应设置应急燃烧器，禁止直接排放。

8 奶牛保健与良繁设施设备

8.1 奶牛保健

规模养殖场应配置修蹄设备（不少于 2 台）、旋转牛体刷，另外还需要配备耳标、称重、体尺体高测量器械等。

8.2 良繁设施设备

规模养殖场应配置配种套箱、液氮罐，液氮罐应符合 GB/T 5458 规定。

8.3 奶牛行为智能监控系统

规模养殖场应根据牛群规模配置项圈、脚环、电子耳标等，对奶牛基本运动行为、发情、呼吸、反刍、跛行等牛只信息进行监测。

9 其他设施设备

9.1 称重设施设备

规模养殖场应设置饲草料地磅、鲜奶地磅及牛体称重设备，定期对计量设备进行校验。

9.2 消毒设备

9.2.1 奶牛场区入口处和生产区入口处设消毒池，牛舍周围环境每周进行 1 次消毒。

9.2.2 牛舍定期高压水枪冲洗，并进行喷雾消毒。

9.2.3 定期对饲喂用具、料槽、饲料车等用具清洗消毒。

9.2.4 人员道通设置喷雾器或消毒脚垫进行消毒。

9.3 电力配置

根据用电负荷配置相应的变电、配电设备，并配置应急发电机组。

9.4 电子监控

在出入口、挤奶厅、运动场、牛舍等关键处安装电子监控设备。

附 录 A
（资料性）
不同规模养殖场挤奶设备配置

A.1 不同规模养殖场挤奶设备配置

见表 A.1。

表 A.1 不同规模养殖场挤奶设备配置

项目	设置配置	小规模	中规模	大规模
大挤奶厅	转盘挤奶机	40 位 1 台	80 位 1 台	80 位 2 台
	并列式挤奶机	或 2*28 位 1 台		
	奶仓	30 t 2 台	40 t 2 台	60 t 2 台
	制冷机组	按高产泌乳牛圈每小时最高流量计算制冷机的制冷能力，同时考虑极端天气影响		
	热水方案	满足设备清洗要求的用水量，80℃以上的热水，配备相应的软化水装置		
产后牛舍	鱼骨挤奶机	2*10 位 2 台		
	并列式挤奶机		2*12 位 1 台	2*16 位或 2*24 位 1 台
	制冷罐	3 t 2 个	5 t 2~3 个	5 t 2~3 个
	初乳巴杀机	4 盒初乳巴杀机 1 台	4 盒初乳巴杀机 2~3 台	4 盒初乳巴杀机 3~5 台
	常乳巴杀机	500 kg 2~3 台	500 kg 3~5 台	500 kg 不少于 5 台

参 考 文 献

[1] 《畜禽规模养殖场粪污资源化利用设施建设规范（试行）》

ICS 65.020.30
CCS A0311

T/NAASS

宁 夏 回 族 自 治 区 农 学 会 团 体 标 准

T/NAASS 040—2022

宁夏规模奶牛场保障安全生产技术规范

Technical specification for ensuring safety production of scale dairy farms in Ningxia

2022－11－13 发布 2022－12－17 实施

宁夏回族自治区农学会 发 布

前　言

本文件按照 GB/T 1.1—2020《标准化工作导则　第 1 部分：标准化文件的结构和起草规则》的规定起草。

请注意本文件的某些内容可能涉及专利。本文件的发布机构不承担识别专利的责任。

本文件由宁夏回族自治区科技厅提出。

本文件由宁夏回族自治区农学会归口。

本文件起草单位：宁夏回族自治区畜牧工作站、宁夏回族自治区兽药饲料监察所、宁夏大学、宁夏农垦乳业股份有限公司、贺兰优源润泽牧业有限公司、吴忠市优牧源奶牛养殖专业合作社、宁夏金宇浩兴农牧业股份有限公司。

本文件主要起草人：温万、周佳敏、路婷婷、孙志轶、周吉清、田佳、杜爱杰、刘维华、王琨、王玲、张伟新、李委奇、徐寒、许立华、马丽琴、张宇、侯丽娥、脱征军、厉龙、马苗苗、张艳梅、金立彬、刘统高、刘敏、温超、张倩、张转弟、韩丽云、王瑞、张睿、薛剑锋、蒋秋斐、张坤、艾琦。

宁夏规模奶牛场粪水处理还田利用技术规程

1 范围

本文件规定了宁夏规模奶牛场的术语和定义，保障安全生产技术的生产环境、人员、生产区、机械设备使用、用水管理、粪污处理、其他安全措施等基本要求。

本文件适用于宁夏规模奶牛场安全生产预防与管理，一般奶牛场也可参照执行。

2 规范性引用文件

下列文件中的内容通过文中的规范性引用而构成本文件必不可少的条款。其中，注日期的引用文件，仅该日期对应的版本适用于本文件；不注日期的引用文件，其最新版本（包括所有的修改单）适用于本文件。

GB 5749　生活饮用水卫生标准
GB/T 13869　用电安全导则
GB 18596　畜禽养殖业污染物排放标准
GB 19081　饲料加工系统粉尘防爆安全规程
GB 50974　消防给水及消火栓系统技术规范
NY/T 5049　无公害食品　奶牛饲养管理准则
NB/T 10768　生物柴油储运操作规范
DB64/T 1498　奶牛养殖环节饲料安全使用规范
T/NAASS009　宁夏规模奶牛场建设技术规范
T/NAASS038　宁夏规模奶牛场奶厅废水处理技术规程
T/NAASS039　宁夏规模奶牛场粪水处理还田利用技术规程

3 术语和定义

下列术语和定义适用于本文件。

3.1 规模奶牛场（Scale daily farms）

指奶牛养殖规模 1 000 头以上的奶牛养殖场。
（来源：T/NAASS009-2022，3.1）

4 生产环境

4.1 清洗消毒

4.1.1　场区出入口处设置专用的洗消设施或消毒池，消毒池长不小于 8.0 m、宽不小于 4.0 m、深不小于 50 cm，外来车辆进出大门，应对车体实施全方位喷淋消毒，冬天室外用石灰消毒，室内用消毒剂消毒，并做好防冻措施；场区门口建有消毒室和门卫室，入场人员应通过消毒室专用消毒通道进行消毒，在门卫室更衣换鞋。
4.1.2　环境、人员、牛舍、用具、牛体消毒应符合 NY/T 5049 规定。

4.2 卫生防疫

4.2.1　按照《中华人民共和国动物防疫法》《宁夏回族自治区动物防疫条例》等有关要求，落实防疫各项措施，预防人畜共患病。
4.2.2　按照《动物检疫管理办法》《兽用生物制品管理办法》等相关要求，做好引调检疫、生物制品使用等相关措施。
4.2.3　应设立病死畜暂存室，设置明显警示标识并由专人负责管理；病死畜宜采用冷冻或冷藏方式进行暂存，暂存时间应不超过 72 h。病死或死因不明的奶牛应按照农业部发〔2017〕25 号文件处理。

4.2.4 应设立医疗废弃物储存间，用于暂存化工原料及医疗废弃物，定期由医疗废弃物处理机构进行无害化处理。

4.3 防蚊蝇、防鼠、防鸟、驱虫管理

4.3.1 蚊蝇滋生季节，喷洒灭蚊蝇药物或者使用灭蚊灯等方法灭蚊蝇。
4.3.2 根据鼠害情况定点放置捕鼠器具，及时收集死鼠，统一进行无害化处理。
4.3.3 牛舍、草料库采取相应防鸟措施，如安装驱鸟器、防鸟网。
4.3.4 制定奶牛常见寄生虫的安全驱虫方案和驱虫程序，并严格实施。

4.4 防洪防风防暴雪

4.4.1 应关注天气预报，防止短期汛情带来的危害，防止养殖设施设备受淹，防止粪污和雨水溢流。
4.4.2 遇大风大雪天气，应做好防雪防风暴灾害，防止牛舍、草料棚等设施被风刮或雪压垮塌。

5 人员

5.1 应成立本场安全生产领导小组，设置 2 名以上专职安全员，制定安全生产管理实施细则；组织开展安全生产宣传教育，并对电路电气、机械设备、危化物品、消防设施、饲草料贮存场所、粪污处理储存等重点场所设施进行专项检查；严格落实安全教育、安全检查、安全奖惩等安全责任制度。
5.2 定期对全体员工进行安全教育和专项技能培训，组织人员进行应急演练及消防演练。
5.3 各岗位人员应具备相应的岗位资格并持证上岗。
5.4 员工应定期进行人畜共患传染病健康检查。
5.5 员工进入生产区应走人道，注意自身防护，应穿反光衣，注意避让生产车辆，不靠近与岗位无关的机械设备；饲草料加工等较高危岗位员工应佩戴安全头盔、防尘护具等；禁止窜带生产和生活区物品。
5.6 员工禁止在生产区吸烟、饮食、明火取暖，严格做好工作场所的通风和清洗消毒。
5.7 有限空间作业检测的时间不得早于作业开始前 30 min；未经通风和检测合格，任何人员不得进入有限空间作业。
5.8 使用酸碱液及有毒有害物品时应佩戴防护用品，按操作说明正确操作。

6 生产区

6.1 生产区应分流设置相对分离的人行通道、牛行通道和物流通道，并应画线标识。
6.2 赶牛期间严禁高声呵斥、器具击打、快速驱赶牛只或产生其他对牛只产生应激的行为。安排专人对牛舍、采食通道及运动场等进行巡查，及时捡拾收集废旧金属、塑料制品等各种废弃物，防止牛只误食异物。
6.3 冬季牛群日常管理应避免牛只拥挤、滑倒等现象发生；禁止奶牛卧在冰面、冰水或雪地上，造成外伤或流产。
6.4 冬季应使用润肤药浴液，快速成膜，防止乳头冻坏或冻伤，造成乳房损伤。

6.5 牛舍管理

6.5.1 定期检查评估牛只运动行走场所、通道的地面整洁和防滑效果，认真做好场所和通道的防跌倒及防湿滑工作，每天由专人巡查奶牛活动场所及牛道。牛道铺设橡胶垫，保持地面干燥干净、无积水，做防滑处理，提高奶牛行走舒适度，严防牛只“劈叉”意外淘汰，牛只损伤率应不超过牛群数量的 3‰。
6.5.2 牛舍清粪 1~2 次/d 以上，待奶牛上奶厅时开始清粪，返回前清理完成，严禁带牛作业。
6.5.3 铲车清粪时匀速平稳地将所有通道的全部粪污推入集粪池，防止将粪污溢到卧床上或溅到料槽中，清理干净无死角。刮粪板清粪时应设置好频次，勤换刮板底和两耳的橡胶，做到整体刮净，防止奶牛蹄部浸泡在粪污中。负压式吸粪车清粪时应安装防溢装置，定期检查吸排孔、胶管等重点部件，按操作说明安全操作。
6.5.4 牛舍内温度大于 18℃，开启风扇或喷淋设施，使用频率根据牧场实际情况而定。
6.5.5 牛舍温度低于 5℃（尤其是夜间）将防风卷帘放下，保证牛舍内无贼风。待温度升高，可根据

实际情况升起一侧或两侧卷帘，做好防寒通风工作。

6.5.6 应定期清洁保养水槽，冬季加强防寒、防冻措施。

6.6 卧床管理安全

6.6.1 选择干燥、松软、不会对奶牛乳房造成伤害的垫料并控制水分，沙子≤15%、沼渣≤45%、木屑 ≤35%。

6.6.2 挤奶与清粪同步做好卧床维护，先清理掉牛床上的粪尿、硬块等，再填充填料，床面前端稍高于后端。

6.6.3 清粪与抛料作业期间，作业人员应时刻保持警惕，防止意外事故发生。禁止无关人员进入作业区，禁止夜间作业。

6.7 运动场

6.7.1 运动场防晒棚面积应不低于 5 m^2/头。

6.7.2 每周机械耙松运动场 1 次，同时进行喷洒消毒。

6.7.3 保持运动场排水畅通，防止出现长时间积水。

6.7.4 及时清理运动场石块、铁器等异物，保证运动场干净、松软、干燥、无积水（积雪）、无硬物等，且无堆积粪污。

6.8 饲料生产与贮存

6.8.1 在饲料调制加工过程中应防止粉尘爆炸，操作应符合 GB 19081 规定。

6.8.2 饲料应分类分等贮存在通风、干燥的区域，具备防雨、防潮、防火、防霉变、防发酵及防鸟、防鼠、防虫害设施设备。

6.8.3 饲料应堆放整齐、标识明确，坚持“先进先出”原则，减少储存时间。

6.8.4 饲料库有严格的管理制度和完整的记录，包括准确的产地来源信息，出入库、用料和库存记录。

6.8.5 维生素、酶制剂等热敏物质应在低温下避光保存，应符合 DB64/T 1498 规定。

6.8.6 兽药、消毒剂等化学品的存放要远离饲草、饲料储存区域，并专人专柜保管，做好出入库记录。

7 机械设备使用

7.1 各类机械设备应严格按照使用说明书操作。若没有说明书，规模奶牛场应编制相应设备操作流程，并安排专人按流程操作管理、规范作业。

7.2 机械凡是有动力输出的部位应安装防护罩，并按照《宁夏回族自治区农业机械安全监督管理条例》执行。

8 用水管理

8.1 场区应有足够的生产和饮用水，饮水质量应达到 GB 5749 规定。

8.2 定期清洗和消毒饮水设备，保障饮水生物安全。

8.3 废水处理按照 T/NAASS038 规定执行。

9 粪污处理

9.1 粪污处理区应设立安全防护栏、安全盖板、隔栏等物理隔离设施，隔栏高度不应低于 1.5 m，隔栏竖杆间隔不应小于 20 cm，并设置明显的警示标识，非工作人员禁止入内，同时定期检查安全设施并做好记录。

9.2 场区内应有与生产规模相匹配的粪污处理设施，粪污无害化处理后应符合 GB 18596 规定的排 放要求。

9.3 进入沼气区禁止携带手机等电子产品，以防静电。

9.4 粪水处理按照 T/NAASS039 执行。

10 其他安全措施

10.1 各类建筑物布局应遵守卫生防疫及防火要求，草料棚与牛舍及其他建筑物的间距应在 50 m 以上，且不在同一主导风向上。消防配置应符合 GB 50974 规定。
10.2 料房、库房、宿舍等区域应留足不少于 6 m 宽度的消防通道，且保持平坦、空旷、无杂物。
10.3 场区严禁烟火，在奶厅、草料棚、生产管理等重点防火区域应配备消防器材，制定安全管理制度，在防火重点区域须设立醒目的禁止烟火标识牌。
10.4 非生产车辆一律禁止进入草场和饲料库，生产用车进入草场和饲料库区域前必须配备排气管防火罩，作业后必须由专人清除作业点周围的可燃物，确保安全后，方可离去。
10.5 拖拉机等机械使用燃油，应设立燃油品储存区。
10.6 储存区配备灭火器、静电释放器、防爆开关和避雷针等安全设施设备，定期对油品做理化指标检测，并由专人负责管理，按照 NB/T 10768 规定执行。
10.7 定期检查场区用电线路和电器设备，杜绝电线裸露、混搭、飞线，防止发生触电事故或火灾。用电符合 GB/T 13869 规定。
10.8 储备应急物资，完善应急处置措施，应做好疫情防控等各项应急管理工作。
10.9 其他安全措施按照各行业安全要求执行。

参 考 文 献

[1] 《中华人民共和国动物防疫法》（中华人民共和国主席令〔2021〕第69号）
[2] 《动物检疫管理办法》（农业部令〔2010〕第6号）
[3] 《兽用生物制品管理办法》（中华人民共和国农业农村部令〔2021〕第2号）
[4] 《病死及病害动物无害化处理技术规范》（农医发〔2017〕25号）
[5] 《宁夏回族自治区动物防疫条例》（宁人常〔2012〕101号）
[6] 《宁夏回族自治区农业机械安全监督管理条例》（宁人常公告第86号）

ICS 65.020.30
CCS 0311

T/NAASS

宁夏回族自治区农学会团体标准

T/NAASS 011—2022

宁夏规模奶牛场后备牛培育技术规范

Technical specifications for the breeding of heifers on large-scale dairy farms in Ningxia

2022-11-11 发布　　2022-12-15 实施

宁夏回族自治区农学会　　发　布

前　言

本文件按照 GB/T 1. 1—2020《标准化工作导则　第 1 部分：标准化文件的结构和起草规则》的规定起草。

专利免责声明：本文件的某些内容可能涉及专利，本文件的发布机构不承担识别专利的责任。

本文件由宁夏回族自治区科技厅提出。

本文件由宁夏回族自治区农业农村厅归口。

本文件起草单位：宁夏回族自治区畜牧工作站、宁夏回族自治区兽药饲料监察所、宁夏大学、宁夏农垦乳业股份有限公司、贺兰优源润泽牧业有限公司。

本文件主要起草人：田佳、温万、马苗苗、侯丽娥、路婷婷、徐寒、李委奇、张伟新、王琨、周佳敏、韩丽云、刘永军、杜爱杰、苏海鸣、刘维华、张宇、脱征军、厉龙、朱继红、毛春春、刘超、王玲、许立华、徐晓锋。

宁夏规模奶牛场后备牛培育技术规范

1　范围

本文件规定了宁夏规模奶牛场后备牛培育术语和定义、后备牛生长发育评价、后备牛培育目标。

本文件适用于宁夏规模奶牛场后备牛培育。

2　规范性引用文件

下列文件中的内容通过文中的规范性引用而构成本文件必不可少的条款。其中，注日期的引用文件，仅该日期对应的版本适用于本文件；不注日期的引用文件，其最新版本（包括所有的修改单）适用于本文件。

GB/T 3157–2008　中国荷斯坦牛

NY/T 34　奶牛饲养标准

3　术语和定义

下列术语和定义适用于本文件。

3.1　体高（Stature）

后备牛个体十字部最高点至地平面的垂直高度，用仗尺测量。

（来源：GB/T 3157–2008，3.5，有修改）

3.2　体斜长（Body length）

后备牛肩胛骨前缘至坐骨结节后缘的距离，用仗尺测量。

（来源：GB/T 3157–2008，3.7，有修改）

3.3　胸围（Chest girth）

用卷尺或软尺测量后备牛肩胛骨后角（肘突后缘）处的胸部周径。

（来源：GB/T 3157–2008，3.8，有修改）

3.4　体重（Body weight）

后备牛测量前一晚清空水槽和食槽，第二天用畜牧秤空腹称重。

（来源：GB/T 3157–2008，3.6，有修改）

3.5　后备牛（Heifers）

包含新生犊牛、哺乳犊牛、断奶犊牛和育成牛。

4　后备牛生长发育评价

4.1　测量工具

畜牧秤、仗尺、卷尺或软尺。

4.2　测定频率

后备牛在新生犊牛、2 月龄、6 月龄、8 月龄、10 月龄、12 月龄时各测定 1 次。

4.3　评价指标

采用体重、体高、胸围、体斜长和日增重等指标综合评价后备牛各生长阶段发育情况。

5 后备牛培育目标

5.1 新生犊牛(1 日龄)

5.1.1 体重与体高

5.1.1.1 初产犊牛出生体重≥36 kg，体高≥70 cm。

5.1.1.2 经产犊牛出生体重≥38 kg，体高≥72 cm。

5.1.2 胸围与体斜长

犊牛出生胸围≥70 cm，体斜长≥62 cm。

5.2 哺乳犊牛（2 日龄~60 日龄）

5.2.1 体重与体高

60 日龄犊牛体重≥80 kg，体高≥85 cm。

5.2.2 日增重

60 日龄犊牛日增重≥0.85 kg。

5.2.3 胸围与体斜长

60 日龄犊牛胸围≥90 cm，体斜长≥89 cm。

5.2.4 营养需求

哺乳期犊牛营养需求按照 NY/T 34 规定执行。

5.3 断奶犊牛（2 月龄~6 月龄）

5.3.1 体重与体高

5.3.1.1 犊牛断奶前体重应达到出生体重的 2 倍以上。
5.3.1.2 6 月龄犊牛体重≥210 kg，体高≥110 cm。

5.3.2 日增重

5.3.2.1 犊牛断奶前日增重≥0.85 kg。
5.3.2.2 6 月龄犊牛日增重≥1.10 kg。

5.3.3 胸围与体斜长

6 月龄犊牛胸围≥137 cm，体斜长≥115 cm。

5.3.4 营养需求

5.3.4.1 犊牛断奶前连续 3 天颗粒料采食量达到 1.5 kg。
5.3.4.2 6 月龄犊牛营养需求按照 NY/T 34 规定执行。

5.4 育成牛（7 月龄~13 月龄）

5.4.1 体重与体高

5.4.1.1 8 月龄体重≥225 kg，体高≥113 cm。
5.4.1.2 10 月龄体重≥270 kg，体高≥118 cm。
5.4.1.3 12 月龄体重≥315 kg，体高≥123 cm。

5.4.2 营养需求

育成牛营养需求按照 NY/T 34 执行。

ICS 65.020.30
CCS 0311

T/NAASS

宁 夏 回 族 自 治 区 农 学 会 团 体 标 准

T/NAASS 012—2022

宁夏荷斯坦良种母牛登记技术规程

Ningxia Hui Autonomous Region High–yied Holstein Dairy Cow Registration Technical Rule

2022 – 11 – 11 发布 2022 – 12 – 15 实施

宁夏回族自治区农学会 发 布

前　言

本文件按照 GB/T 1.1—2020《标准化工作导则　第 1 部分：标准化文件的结构和起草规则》的规定起草。

专利免责声明：本文件的某些内容可能涉及专利，本文件的发布机构不承担识别专利的责任。

本文件由宁夏回族自治区科技厅提出。

本文件由宁夏回族自治区农学会归口。

本文件起草单位：宁夏回族自治区畜牧工作站、宁夏回族自治区兽药饲料监察所、宁夏农垦乳业股份有限公司、宁夏大学、吴忠市畜牧水产技术推广服务中心、利通区畜牧水产技术推广服务中心、贺兰县畜牧水产技术推广服务中心、贺兰中地生态牧场有限公司。

本文件主要起草人：田佳、温万、侯丽娥、马苗苗、路婷婷、张艳梅、周佳敏、徐寒、李艳艳、许立华、王玲、杜爱杰、刘维华、王琨、周磊、张淑萍、李委奇、苏海鸣、马建成、曹权、马丽琴、金立彬、张倩、张转弟、张宇、脱征军、厉龙、朱继红、毛春春、张伟新。

宁夏荷斯坦良种母牛登记技术规程

1 范围

本文件规定了宁夏荷斯坦良种母牛登记的术语和定义、登记条件、登记内容、申请与核验及档案管理等方面的要求。

本文件适用于宁夏荷斯坦良种母牛登记。

2 规范性引用文件

下列文件中的内容通过文中的规范性引用而构成本文件必不可少的条款。其中，注日期的引用文件，仅该日期对应的版本适用于本文件；不注日期的引用文件，其最新版本（包括所有的修改单）适用于本文件。

GB/T 1450 中国荷斯坦牛生产性能测定技术规范

GB/T 3157 中国荷斯坦牛

GB/T 35568 中国荷斯坦牛体型鉴定技术规程

3 术语和定义

下列术语和定义适用于本文件。

3.1 良种母牛登记（High-yield cow registration）

主要是根据系谱资料，在品种登记的基础上，将优良荷斯坦良种母牛的畜号、系谱、体型鉴定、生产性能、繁殖性能等资料集中登记在专门的登记簿或储存于专门的电子计算机登记系统，实行特定育种数据管理的技术措施。

3.2 305 天产奶量（305-day milk yield）

从产犊日到第 305 个泌乳日的总产奶量。泌乳天数不足 305 d 时，按实际产奶天数和产奶量计算；泌乳天数超过 305 d 时，只取 305 d 的实际产奶量。

（来源：GB/T 3157）

3.3 305 天乳脂量（305-day fat yield）

305 天乳中所含脂肪的含量。

3.4 305 天乳脂量（305-day protein yield）

305 天乳中所含蛋白质的含量。

3.5 成年当量（Mature equivalent）

将不同胎次的泌乳期产奶量乘以校正系数，得到校正为第 5 胎（成年）的产奶量。不同泌乳天数和胎次的 305 d 产奶量校正系数见附录 A。

3.6 体型鉴定（Typeclassification）

对奶牛体型进行数量化评定的方法。针对每个体型性状，按生物学特性的变异范围，定出性状的最大值和最小值，然后以线性的尺度进行评分。

（来源：GB/T 35568）

4 登记条件

4.1 登记要求

已进行荷斯坦奶牛品种登记且健康无疫病。

4.2 良种母牛入选标准

4.2.1 应有连续 10 次奶牛生产性能（DHI）测定成绩，且 3 代系谱记录完整，档案资料齐全的良种母牛。
4.2.2 体型鉴定评分≥80 分。
4.2.3 初产母牛 305 d 产奶量≥10 000 kg 或成年当量≥11 000 kg，305 天乳脂量≥380 kg，305 d 乳蛋白量≥320 kg。
4.2.4 荷斯坦良种母牛登记个体所产的后备母牛。

5 登记内容

5.1 基本信息

参照 GB/T 3157 规定执行，包括登记单位信息、牛只个体信息、3 代系谱记录、牛只彩色照片（正面及左右正侧照片）等信息，具体内容见附录 B。

5.2 体尺测定

参照 GB/T 3157 规定执行，包括体重、体高（特指奶牛个体十字部最高点至地平面的垂直高度）、尻长、尻宽、体斜长、胸围、管围等，具体内容见附录 C.1。

5.3 体型鉴定

参照 GB/T 35568 规定执行，包括体躯结构、尻部、肢蹄、乳用特征、前乳房、后乳房等体型性状线性分，具体内容见附录 C.2。

5.4 生产性能

参照 GB/T 1450 规定执行，包括各胎次产犊日期、年龄、挤奶次数、干奶日、泌乳大数、高峰奶、高峰日、305 d 奶量、乳脂率、乳脂量、乳蛋白率、乳蛋白量、总产量、成年当量等，见附录 C.3。

5.5 繁殖性能

包括各胎次配种日期、与配公牛、配妊次数、妊娠天数、产犊日期等，具体内容见附录 C.4。

6 申请与核验

6.1 申请

规模奶牛场中请荷斯坦良种母牛登记，应向县级畜牧技术推广机构报送以下相关材料。
6.1.1 登记表，见附录 B。
6.1.2 申请材料，包括生长性能、体型鉴定、生产性能及繁殖性能记录表。
6.1.3 申请报告。
6.1.4 其他相关佐证材料。

6.2 核验

6.2.1 市、县（区）畜牧技术推广机构应在收到申报后 30 日内组织技术人员进行初审，初审后报宁夏回族自治区畜牧技术推广机构。
6.2.2 宁夏回族自治区畜牧技术推广机构在接到申报材料后，组织专家会审，必要时可以组织现场核验。
6.2.3 通过核验的，予以公示，公示无异议后进行统一注册号登记，并由宁夏回族自治区畜牧技术推广机构发放宁夏荷斯坦良种母牛登记证书；未通过核验的，登记机构应当书面通知申请人，并说明理由。

6.2.4　统一注册号为 HOCNF64××××××××××（Holstein China Female，HOCNF）。

7　档案管理

7.1　资料保存

荷斯坦良种母牛登记记录书面信息及电子信息资料，应由所在辖区畜牧技术推广机构专人登记、录入计算机管理系统，统一管理并备份保管。书面信息资料保存时间不得少于 5 年，电子信息资料应当长期保存。各市、县（区）每年年底根据宁夏回族自治区畜牧技术推广机构的要求，定期报送注册良种母牛的资料和统计信息。

7.2　登记管理

7.2.1　登记应使用荷斯坦良种母牛登记表（附录 B ）和中国奶牛数据处理中心开发的中国荷斯坦奶牛品种登记系统进行。

7.2.2　登记的良种牛淘汰、死亡的，所有者应当在 30 日内向所在辖区畜牧技术推广机构报告。

7.2.3　登记的良种牛转让、出售的，应当附良种登记记录等相关资料，并办理变更手续。

附 录 A
（规范性）
不同胎次 305 天产奶量校正系数表

泌乳天数	240	250	260	270	280	290	300	305	310	320	330	340	350	360
1 胎	1.182	1.148	1.116	1.086	1.055	1.031	1.011	1.000	0.987	0.955	0.935	0.924	0.911	0.895
2~5 胎	1.165	1.133	1.103	1.077	1.052	1.031	1.011	1.000	0.988	0.970	0.952	0.936	0.925	0.911

表中天数以 5 舍 6 入方法。示例：某头牛产奶 295 d，则用 290 d 的校正系数，产奶 296 d 则用 300 d 的校正系数。

附　录　B
（规范性）
荷斯坦良种母牛登记表

<table>
<tr><td rowspan="6">养殖单位信息</td><td>养殖场（户）名称</td><td colspan="3"></td></tr>
<tr><td>养殖场（户）编号</td><td colspan="3"></td></tr>
<tr><td>养殖场（户）地址</td><td colspan="3"></td></tr>
<tr><td>登记联系人</td><td></td><td>电话</td><td></td></tr>
<tr><td>手机</td><td></td><td>电子邮箱</td><td></td></tr>
<tr><td>法定代表人</td><td></td><td>登记牛只来源</td><td>□ 1. 购入 □2. 自繁自育
□ 3. 胚胎移植</td></tr>
<tr><td rowspan="6">登记牛只信息</td><td>牛号</td><td></td><td>良种登记号</td><td></td></tr>
<tr><td>出生地</td><td></td><td>当前所在地</td><td></td></tr>
<tr><td>出生日期</td><td></td><td>性别</td><td></td></tr>
<tr><td>初生重</td><td></td><td>初生毛色</td><td>□1. 黑白花 □2. 全黑
□3. 全白 □4. 红白花</td></tr>
<tr><td>登记时年龄</td><td></td><td>登记时胎次</td><td></td></tr>
<tr><td>近交系数</td><td colspan="3"></td></tr>
<tr><td rowspan="8">三代系谱</td><td rowspan="4">父：编号、育种值、体型外貌、女儿数、女儿平均产奶量等资料</td><td rowspan="2">父：编号、育种值等</td><td colspan="2">父：编号、育种值等</td></tr>
<tr><td colspan="2">母：编号、生产记录等</td></tr>
<tr><td rowspan="2">母：编号、生产记录等</td><td colspan="2">父：编号、育种值等</td></tr>
<tr><td colspan="2">母：编号、生产记录等</td></tr>
<tr><td rowspan="4">母：编号、育种值、体型外貌、女儿数、女儿平均产奶量等资料</td><td rowspan="2">父：编号、育种值等</td><td colspan="2">父：编号、育种值等</td></tr>
<tr><td colspan="2">母：编号、生产记录等</td></tr>
<tr><td rowspan="2">母：编号、生产记录等</td><td colspan="2">父：编号、育种值等</td></tr>
<tr><td colspan="2">母：编号、生产记录等</td></tr>
<tr><td rowspan="2">牛只彩色照片</td><td>正右侧</td><td>正面</td><td colspan="2">正左侧</td></tr>
<tr><td></td><td></td><td colspan="2"></td></tr>
</table>

附 录 C
（规范性）

表 C.1 良种奶牛生长性能记录表

牛场编号：　　　　　牛只编号：

	测量日期	体重	体高	尻长	尻宽	胸围	管围	体斜长	测量员签字
初生									
六月龄									
十二月龄									
十八月龄									
胎									
二胎									
三胎									
犊牛期喂奶量：　　kg				哺乳期：　　天				日增重：　　g	

表 C.2　荷斯坦良种奶牛体型鉴定记录表

牛场编号：　　　　牛只编号：　　　　鉴定日期：　　　　鉴定员签字：

分类	体型性状	线性分
体躯结构	体高	
	前段	
	体躯大小	
	胸宽	
	体深	
	腰强度	
尻部	尻角宽	
	尻宽	
	腰强度	
肢蹄	蹄角度	
	蹄踵深度	
	骨质地	
	后肢侧视	
	后肢后视	
乳用特征	棱角性	
	骨质地	
	乳房质地	
前乳房	乳房深度	
	乳房质地	
	中央悬韧带	
	前乳房附着	
	前乳头位置	
	前乳头长度	
后乳房	后乳房高度	
	后乳房深度	
	后乳房位置	
	棱角性	
	骨质地	
	乳房质地	
总分		

表 C.3 荷斯坦良种奶牛生产性能记录表

牛场编号：　　　　　　牛只编号：　　　　　　记录日期：　　　　　　记录员签字：

胎次	1	2	3	4	5	6	7	8
产犊日期								
年龄								
挤奶次数								
干奶日								
泌乳天数								
高峰奶								
高峰日								
305 奶量								
乳脂率								
乳蛋白率								
总产量								
成年当量								
1月								
2月								
3月								
4月								
5月								
6月								
7月								
8月								
9月								
10月								
最后								
日均产奶								
平均 SCC								
终生生产性能记录								
生产年龄	生产胎次	平均胎间距	产母犊数	终生产奶量	乳脂量	乳蛋白量	平均 SCC	

表 C.4　良种奶牛繁殖性能记录表

胎次	配妊情况			流产		产犊							
	配种日期	与配公牛	配妊天数	妊娠天数	流产日期	产犊日期	产犊难易[a]	产犊方式	性别[b]	毛色	初生重	健康状况[c]	牛只编号
1													
2													
3													
4													
5													
6													

[a] 1—顺产；2—轻度助产；3—重度助产；4—难产（剖腹产）

[b] 1—活牛；2—死胎或出生后 24 h 内死亡；3—犊牛出生后 48 h 内死亡

[c] 1—早产；2—流产；3—雌性双胎；4—雄性双胎；5—雌雄双胎

参 考 文 献

[1] 《宁夏回族自治区中国荷斯坦牛牛只编号办法》（第6次修订）

ICS 65.020.30
CCS 0311

T/NAASS

宁 夏 回 族 自 治 区 农 学 会 团 体 标 准

T/NAASS 013—2022

荷斯坦青年母牛全基因组选择技术规程

Code of practice for genomic selection of Holstein heifers

2022-11-11 发布　　2022-12-15 实施

宁夏回族自治区农学会　　发 布

前　言

本文件按照 GB/T 1.1—2020《标准化工作导则 第1部分：标准化文件的结构和起草规则》的规定起草。

专利免责声明：本文件的某些内容可能涉及专利，本文件的发布机构不承担识别专利的责任。本文件由宁夏回族自治区科技厅提出。

本文件由宁夏回族自治区农学会归口。

本文件起草单位：宁夏回族自治区畜牧工作站、宁夏会自治区兽药饲料监察所、中国农业大学、宁夏大学、宁夏农垦乳业股份有限公司、贺兰中地生态牧场有限公司。

本文件主要起草人：田佳、王雅春、张毅、侯丽娥、马苗苗、温万、徐寒、苏海鸣、邵怀峰、秦春华、李艳艳、顾亚玲、郝峰、张艳梅、张伟新、李委奇、王琨、路婷婷、刘维华、张宇、脱征军、厉龙、朱继红、毛春春、周佳敏、刘超、虎雪姣、任宇佳。

荷斯坦牛青年母牛全基因组选择技术规程

1 范围

本文件规定了宁夏荷斯坦牛青年母牛全基因组选择的术语和定义、基因组选择平台构建和基本流程等。

本文件适用于宁夏规模奶牛场荷斯坦青年母牛全基因组选择及核心群组建。

2 规范性引用文件

下列文件中的内容通过文中的规范性引用而构成本文件必不可少的条款。其中，注日期的引用文件，仅该日期对应的版本适用于本文件；不注日期的引用文件，其最新版本（包括所有的修改单）适用于本文件。

GB/T 3157 中国荷斯坦牛

GB/T 40184 畜禽基因组选择育种技术规程

GB/T 35568 中国荷斯坦牛体型鉴定技术规程

GB/T 35569 中国荷斯坦牛公牛后裔测定技术规程

NY/T 1450 中国荷斯坦牛生产性能测定技术规范

NY/T 1673 畜禽微卫星 DNA 遗传多样性检测技术规程

3 术语和定义

下列术语和定义适用于本文件。

3.1 荷斯坦牛青年母牛（Holstein heifer）

指从断奶至第一次分娩的荷斯坦牛。

3.2 系谱（Pedigree）

用来记录牛只出生日期及其祖先信息的家系档案，包括牛只编号、性别、出生日期、父亲、母亲、祖父、祖母、外祖父和外祖母等信息。

3.3 表型（Phenotype）

具有特定基因型的个体，在一定环境条件下，所表现出来的性状特征，应与某一具体性状相关联。

3.4 基因型（Genotype）

DNA 双螺旋结构上，不同碱基（A/T/G/C）的核苷酸排列顺序在 DNA 的某一段落上构成某个功能片段，即基因，全部基因组合的总称为基因型。

3.5 生产性能测定（Dairy herd improvement）

每月一次测定并记录泌乳牛的产奶量，采集其全大挤奶的混合样测定乳成分、体细胞和尿素氮等性能与健康指标，结合胎次及每月产犊、干奶、淘汰、繁殖等牛群变动信息，经专用软件分析处理后形成分析报告，用来指导牛场生产管理和育种工作。

（来源：DB/T 1014–2014，3.1，有修改）

3.6 体型鉴定（Type classification）

针对荷斯坦牛青年母牛个体体型性状，按生物学特性的变异范围，定出性状的最大值和最小值，然后以线性的尺度进行评分的方法。

（来源：GB/T 35568–2017，3.1，有修改）

3.7 基因组参考群（Genomic reference population）

由既有基因型信息又有表型信息的个体所组成，用来估算候选群体基因组育种值的群体。

3.8 系谱育种值（Pedigree breeding value）

根据个体亲代估计育种值估算的个体育种值，常用计算公式：系谱育种值=（父亲育种值 *0.5+外祖父育种值 *0.25）/0.75。

3.9 基因组候选群（Genomic candidate population）

由具备基因型、有待预测基因组育种值的个体组成的群体。

3.10 遗传评估（Genetic and genomic estimation）

通过数量遗传学方法和统计学模型估计个体育种目标性状的加性遗传效应的过程，是奶牛种用价值的主要评价方法和技术手段。

3.11 基因组选择（Genomic selection）

利用覆盖全基因组的遗传标记预测畜禽个体育种值，从而实现根据个体预测育种值对个体进行早期选择的方法。

（来源：GB/T 40184-2021，3.1，有修改）

3.12 常规育种值（Traditional estimated breeding value）

使用常规遗传评估方法，如基于最佳线性无偏预测（BLUP）的动物模型，利用系谱信息和表型记录估计的个体加性遗传效应（EBV）。

3.13 基因组育种值（Genomic estimated breeding value）

基于基因组参考群个体的基因型和表型信息，对仅有基因型信息的个体应用基因组遗传评估方法预测的育种值称为直接遗传值（DGV）。DGV 与源于常规遗传评估的系谱指数加权后求和获得基因组育种值（GEBV）。

4 基因组选择平台构建

具体构建流程参照 GB/T 40184 规定执行。

4.1 参考群组建

本标准参照中国荷斯坦牛基因组选择技术平台组建参考群，包括母牛、验证公牛的个体单核苷酸多态性（SNP）基因型和产奶、体细胞、体型等 30 个性状的估计育种值信息。一般个体 SNP 基因型信息采用商用芯片进行测定，包括均匀覆盖基因组的 5 万个 SNP 以上。

4.2 表型测定

体型鉴定按照 GB/T 3556 规定执行；后裔测定按照 GB/T 35569 规定执行；生产性能测定按照 NY/T 1450 规定执行。

4.3 构建预测方程

基于基因组信息的最佳无偏线性估计（GBLUP）方法，利用 SNP 基因型信息和估计育种值构建预测方程，被预测个体应具备 SNP 基因型信息。

4.4 综合育种值排名

根据中国奶牛基因组选择性能指数（Genomic China Performance Index，GCPI）公式，计算青年母牛的基因组综合育种值，并根据综合育种值大小对青年母牛进行排序，选出综合育种值排名靠前的青年母牛组建核心群。

GCPI 的计算公式如下：

$$\mathrm{GCPI}=4\times\left[\begin{array}{l}25\times\dfrac{\mathrm{GEBV_{Fat}}}{22.0}+35\times\dfrac{\mathrm{GEBV_{Port}}}{17.0}-10\times\dfrac{\mathrm{GEBV_{SCS}}-3}{0.46}\\+8\times\dfrac{\mathrm{GEBV_{Type}}}{5}+14\times\dfrac{\mathrm{GEBV_{MS}}}{5}+8\times\dfrac{\mathrm{GEBV_{FL}}}{5}\end{array}\right]+1800$$

式中，$\mathrm{GEBV_{Fat}}$、$\mathrm{GEBV_{Prot}}$、$\mathrm{GEBV_{SCS}}$、$\mathrm{GEBV_{Type}}$、$\mathrm{GEBV_{MS}}$、$\mathrm{GEBV_{FL}}$ 分别是乳脂量、乳蛋白量、体细胞评分、体型总分、泌乳系统评分、肢蹄评分性状的合并基因组估计育种值，分母是相应性状估计育种值的标准差。

5 基本流程

5.1 筛选基因组及候选群个体选择

5.1.1 根据荷斯坦奶牛生产性能测定（DHI）、体型鉴定数据库，进行遗传评估后利用中国奶牛性能指数（CPI）排名，筛选 CPI 排名前 25%母牛的女儿。

5.1.2 根据荷斯坦牛 DHI 记录筛选 305 d 产奶量、乳脂量和乳蛋白量排名前 25%，体型鉴定评分 82 分以上母牛的女儿。

5.1.3 根据荷斯坦牛系谱育种值排名，筛选排名前 25%的青年母牛。

5.1.4 经基因组检测，筛选单项或综合选择指数的基因组育种值排名靠前的荷斯坦青年母牛所繁育的女儿。

5.2 样品采集

5.2.1 血样采集

颈静脉或牛尾静脉采血，采集 3 mL 左右血样放入含有抗凝剂的 5 mL 采血管中。取 1 mL 左右抗凝血在血斑卡上均匀涂抹约直径 2 cm 的面积，其余血样在−20°C 冻存备用。

5.2.2 毛囊采样

从奶牛尾根处采集牛毛，拔取被毛 20~30 根（所拔的牛毛根部必须带有白色毛囊），放入毛囊采集卡或者毛囊采集管中。

5.2.3 样品的储藏与运输

血液样品采集和运输过程中需保持 2~8℃，可使用冰袋或干冰，密封于保温泡沫盒中。

毛囊样品或血斑卡采用常温方式邮寄，样品四周用防震塑料泡沫填充泡沫箱即可。

5.3 DNA 提取

所提取的 DNA 应符合基因芯片或测序对样品质量和数量的要求。DNA 提取方法按照 NY/T 1673 的规定执行。

5.4 基因型测定

采用全基因组 SNP 芯片或基因组测序的方法，对所采集的生物样品进行基因分型。

5.5 表型信息整理

收集整理测定牛只的系谱信息、母亲的体型鉴定及各胎次生产性能测定数据。

5.6 基因组预测结果

针对4.1 中奶牛各类育种目标性状，采用相应的统计模型，根据芯片测定结果，对个体进行育种值预测，计算被测牛各性状的基因组育种值，再利用 4.4 公式计算 GCPI。

5.7 核心群组建

牧场根据 GCPI**** 小所计算的结果排序，结合生长性能、体型及健康状况，可尽早做出选淘决定，筛选优秀青年母牛，组建核心群，实施选配以不断提高后代遗传水平。

ICS 65.020.30
CCS B40/49

T/NAASS

宁 夏 回 族 自 治 区 农 学 会 团 体 标 准

T/NAASS 014—2022

宁夏规模奶牛场同期排卵定时输精技术规程

Regulations for synchronous ovulation and timed artificial insemination of Ningxia Large-scale dairy Farm

2022-11-11 发布　　　　2022-12-15 实施

宁夏回族自治区农学会　　发 布

前　言

本文件按照 GB/T 1.1—2020《标准化工作导则　第 1 部分：标准化文件的结构和起草规则》的规定起草。

专利免责声明：本文件的某些内容可能涉及专利，本文件的发布机构不承担识别专利的责任。

本文件由宁夏回族自治区科技厅提出。

本文件由宁夏回族自治区农学会归口。

本文件起草单位：宁夏回族自治区畜牧工作站、宁夏大学、宁夏农林科学院。

本文件主要起草人：脱征军、陶金忠、虎雪姣、张建勇、肖爱萍、晁雅琳、张令凯、施安、李委奇、徐寒、李欣、张宇、邵怀峰、周佳敏、毛春春、张伟新、康晓冬、杨卓、田博文、温万、厉龙、田佳、王玲、许立华、刘维华。

宁夏规模奶牛场同期排卵定时输精技术规程

1 范围

本文件规定了宁夏规模奶牛场奶牛同期排卵定时输精技术的术语和定义、受配母牛选择、准备工作、同期排卵定时输精操作程序、效果评价及操作注意事项。

本文件适用于宁夏规模奶牛场奶牛同期排卵定时输精技术的规范化操作。

2 规范性引用文件

下列文件中的内容通过文中的规范性引用而构成本文件必不可少的条款。其中，注日期的引用文件，仅该日期对应的版本适用于本文件；不注日期的引用文件，其最新版本（包括所有的修改单）适用于本文件。

GB/T 3157 中国荷斯坦牛

NY/T 34 奶牛饲养标准

NY/T 1335 牛人工授精技术规程

NY/T 3646 奶牛性控冷精人工授精技术规程

3 术语和定义

下列术语和定义适用于本文件。

3.1 自愿等待期（Voluntary Waiting Period）

奶牛产后恢复正常生殖机能的时期，一般为产后 45~70 d，此时间之前不宜进行输精。也可根据奶牛场牛群生产性能、计划产犊时间等做适当调整。

3.2 同期排卵定时输精（Synchronous ovulation and timed artificial insemination）

利用不同的外源生殖激素,按照一定的程序对母牛群进行处理，使其在相对集中的时间内同时发情、排卵，并在相对固定的时间内进行输精，也称程序化输精技术。

3.3 预同期排卵（Pre-synchronous ovulation）

母牛产后先用外源生殖激素进行预处理，再使用不同的外源生殖激素，按照一定的程序进行同期排卵处理，调整产后母牛发情周期，使其在自愿等待期后及时配种。

3.4 双同期排卵（Double synchronous ovulation）

利用不同的外源生殖激素，按照一定的程序对母牛连续 2 次进行相同处理，调整产后母牛发情周期，使其在自愿等待期后及时配种。

3.5 再同期排卵（Re-synchronous ovulation）

母牛产后进行同期排卵定时输精处理后，对返情及未妊娠母牛再次进行同期排卵处理，重新调整母牛发情周期，使其能够及时配种妊娠。

3.6 21 天妊娠率（21-Day Pregnancy Rate）

母牛产后生殖机能恢复正常后，按照生理规律 21 d 发情 1 次，每 21 d 配种怀孕母牛头数占同期应参加配种母牛头数的百分比。

3.7 情期受胎率（Fertility rate during estrus）

一定时间内受胎母牛数占该期内所配种母牛的总发情周期数的百分比。

4 受配母牛选择

4.1 品种选择

应符合 GB/T 3157 规定。

4.2 饲养管理

同期排卵定时输精的母牛应得到合理的饲料营养和科学的饲养管理。饲养标准按照 NY/T 34 规定执行。

4.3 受配母牛标准

应选择健康、生殖系统发育良好的待配母牛。具体标准按照 DB64/T 528 规定执行。

5 准备工作

5.1 应按照激素使用说明书要求进行运输和储存，需要冷藏的应冷藏保存。激素种类见附录 A。
5.2 根据激素注射剂量，选择适宜的注射器和针头型号，采用深层肌肉注射，避免注射到血管。
5.3 每次注射激素前应至少核查两次母牛的耳号，防止注射错误。
5.4 根据牛群实际情况，合理选择同期排卵定时输精操作程序，严格执行激素注射剂量、时间和输精时间规定。
5.5 应根据本场牛群繁殖情况，制订每周同期发情定时输精工作计划，完成当日工作后，做详细记录。记录表见附录 B。
5.6 常规冷冻精液输精按照 NY/T 1335 规定执行；性控冷冻精液输精按照 NY/T 3646 规定执行。

6 同期排卵定时输精操作程序

6.1 预同期排卵程序

母牛产后 30~35 d，第 1 次注射 PGF2α（计为第 0 天），间隔 14 d 第 2 次注射 PGF2α，如果母牛发情，即进行输精。间隔 12 d 没有发情的母牛按照 6.2 规定执行。具体操作程序见附录 C。

6.2 同期排卵程序

母牛产后 45~70 d，第 1 次注射促性腺激素释放激素（以下简称为 GnRH）（计为第 0 天），第 7 天注射前列腺素 F2α（以下简称为 PGF2α ），第 9 天第 2 次注射 GnRH，注射 GnRH 后 16~18 h，对所处理的母牛进行输精。达到参配标准未配种的青年牛按上述程序处理。具体操作程序见附录 C。

6.3 孕酮缓释阴道栓同期排卵程序

适用于自愿等待期前未见发情或久配不孕的母牛。母牛产后 45~70 d，在母牛阴道放置 Y 型孕酮缓释阴道栓（以下简称为 CIDR）（计为第 0 天），同时注射 GnRH，第 7 天撤除 CIDR 并注射 PGF2α，第 9 天第 2 次注射 GnRH，注射 GnRH 后 16~18 h，对所处理的母牛进行输精。具体操作程序见附录C。

6.4 双同期排卵程序

母牛产后 45~70 d，第 1 次注射 GnRH（计为第 0 天），间隔 7 d 注射 PGF2α，间隔 3 d 注射 GnRH，如果母牛发情，即进行输精。没有发情的母牛间隔 7 d，按照 6.2 规定执行。

6.5 再同期排卵程序

对返情和妊检未妊娠的母牛，再次进行同期排卵定时输精处理，具体操作程序按照 6.2 规定执行。

6.6 妊娠诊断和未孕母牛处理

每周对同期排卵定时输精 30 d 以上未返情的牛只使用 B 超进行初次妊娠检查，对初检妊娠 60 d、90 d 的牛只再次直肠妊检。未妊娠母牛按照 6.5 规定执行。

7 效果评价

同期排卵定时输精技术采用 21 d 妊娠率和情期受胎率进行效果评价，指标值见表 1。21 d 妊娠率计算方法见附录 D，情期受胎率计算方法见附录 E。

表 1 效果评价指标

项目		目标值
21 d 妊娠率		≥25%
情期受胎率	青年牛	>58%
	经产牛	>40%

8 操作注意事项

8.1 放置CIDR 所用的栓枪，每放置 1 头牛，都应进行消毒灭菌处理；每次注射结束后，所用的注射器和针头等应进行严格的消毒灭菌处理，以备下次使用。

8.2 在执行同期排卵定时输精程序过程中，根据实际情况进行母牛发情鉴定，如果牛只发情，适时配种，并终止后面的处理程序。

8.3 在执行 6.1、6.2、6.3 程序时，第 2 次注射 GnRH 之后 16~18 h，所有注射处理的母牛不论是否发情，应进行定时输精。

8.4 经妊娠诊断妊娠的母牛如果意外流产，应启动预同期排卵程序进行处理，按照 6.1 规定执行。

附 录 A
（资料性）
常用生殖激素

A.1 促性腺激素释放激素

促性腺激素释放激素（GnRH），由下丘脑神经内分泌细胞分泌，具有促进垂体分泌促卵泡素（FSH）和促黄体素（LH）的作用，促进母牛发情和卵泡的发育、成熟和排卵。

A.2 前列腺素 F2α

前列腺素 F2α（PGF2α），PGF2α 及其类似物是具有生物活性的长链不饱和羟基脂肪酸，可以刺激子宫平滑肌收缩，溶解卵巢上的黄体，使孕酮水平下降，促使母牛发情、卵巢排卵。生产中用于调节母牛的发情周期，诱发排卵和同期发情。治疗持久黄体、黄体囊肿、子宫积脓等。常用的 PGF2α 产品有氯前列烯醇、D-氯前列醇等。

A.3 孕激素

孕激素（Progesterone，P），可以在妊娠期间抑制子宫活动，促进胎盘发育，维持正常妊娠，促进胚胎早期附植，也可用于同期发情处理。孕酮为最主要的孕激素，由卵巢中黄体细胞分泌。大量孕激素与雌激素有拮抗作用，可抑制发情活动，少量孕酮与雌激素有协同作用，可促进发情表现。常用有孕激素产品有黄体酮、Y 型孕酮缓释阴道栓（CIDR）、T 型孕酮缓释阴道栓（PRID）等。

附　录　B
（资料性）
同期排卵定时输精记录表

B.1　同期排卵定时输精记录

见表 B.1。

表 B.1　同期排卵定时输精记录表

牧场名称：																
序号	牛号	年龄	胎次	产犊日	同期排卵处理程序						再同期排卵处理程序					
					首次注射GnRH时间	注射PGF2α时间	二次注射GnRH时间	配种时间	妊检日	妊检结果	首次注射GnRH时间	注射PGF2α时间	二次注射GnRH时间	配种时间	妊检日	妊检结果

附 录 C
（资料性）
同期排卵定时输精操作程序示意图

C.1 同期排卵定时输精操作程序

同期排卵定时输精操作程序见图 C.1。

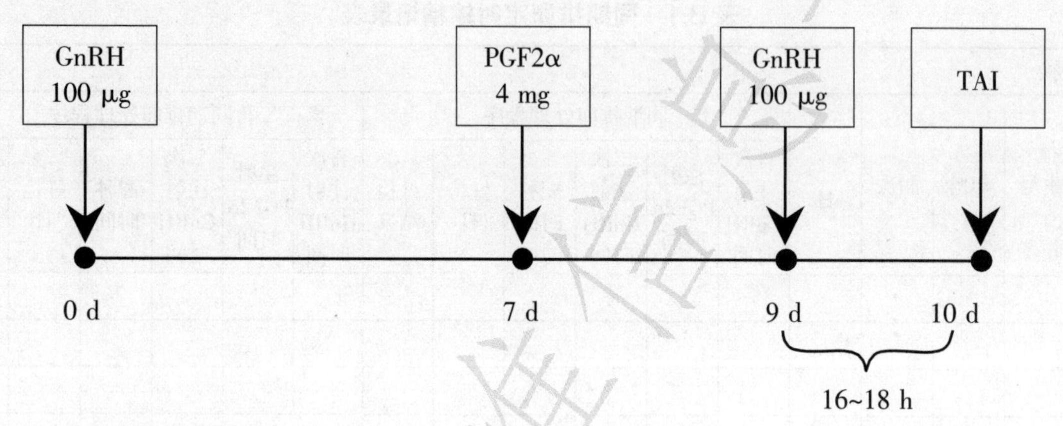

GnRH：促进腺激素释放激素
PGF2α：前列腺素 F2α
TAI：定时输精

图 C.1 同期排卵定时输精操作程序

C.1 预同期排卵定时输精操作程序

预同期排卵定时输精操作程序见图 C.2。

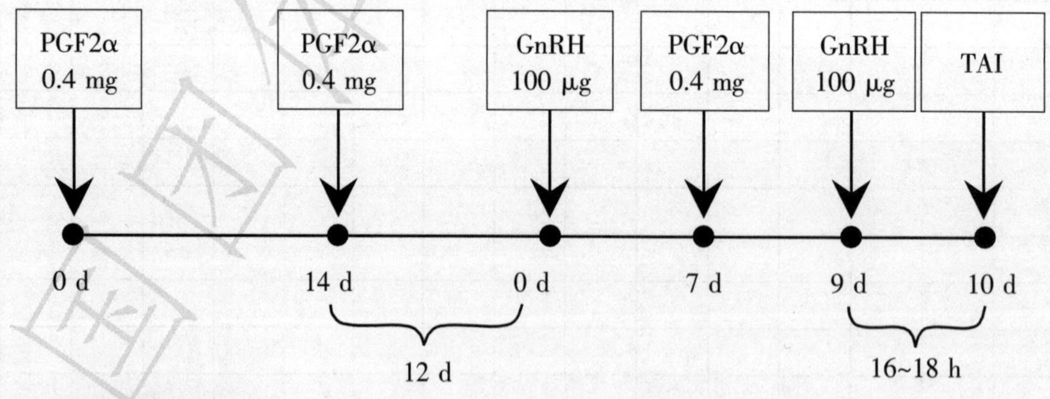

GnRH：促进腺激素释放激素
PGF2α：前列腺素 F2α
TAI：定时输精

图 C.2 预同期排卵定时输精操作程序

C.3 孕酮缓释阴道栓同期排卵定时输精操作程序

孕酮缓释阴道栓同期排卵定时输精操作程序见图 C.3。

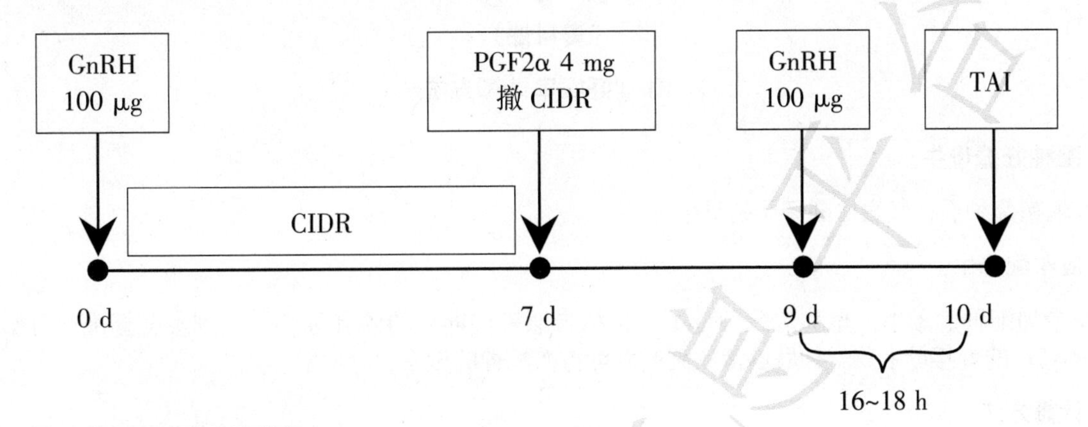

GnRH：促进腺激素释放激素
PGF2α：前列腺素 F2α
CIDR：Y 型孕酮缓释阴道栓
TAI：定时输精

图 C.3 孕酮缓释阴道栓同期排卵定时输精操作程序

C.4 双同期排卵定时输精操作程序

双同期排卵定时输精操作程序见图 C.4。

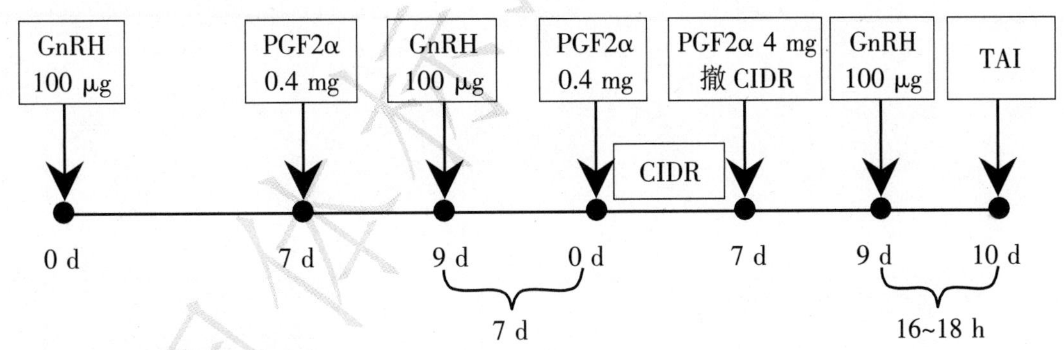

GnRH：促进腺激素释放激素
PGF2α：前列腺素 F2α
CIDR：Y 型孕酮缓释阴道栓
TAI：定时输精

图 C.4 双同期排卵定时输精操作程序

附 录 D
（资料性）
21 d 妊娠率计算方法

D.1 配种妊娠母牛

经输精配种后，妊娠诊断怀孕的母牛。

D.2 应参配母牛

应参加配种的母牛，也称应配种母牛，包括自愿等待期后的泌乳母牛、达到参配标准（月龄、体重、 体高）的青年母牛及配种后返情或流产后可再次配种的母牛。

D.3 计算方法

21 d 内配种妊娠母牛头数/同时期应参配母牛头数×100%。

ICS 65.020.30
CCS B40/49

T/NAASS

宁 夏 回 族 自 治 区 农 学 会 团 体 标 准

T/NAASS 015—2022

宁夏奶牛发情鉴定技术规程

Regulations for oestrus detection of dairy cows in Ningxia

2022－11－11 发布　　　　2022－12－15 实施

宁夏回族自治区农学会　　发　布

前　言

本文件按照 GB/T 1.1—2020《标准化工作导则　第 1 部分：标准化文件的结构和起草规则》的规定起草。

专利免责声明：本文件的某些内容可能涉及专利，本文件的发布机构不承担识别专利的责任。

本文件由宁夏回族自治区科技厅提出。

本文件由宁夏回族自治区农学会归口。

本文件起草单位；宁夏回族自治区畜牧工作站、宁夏大学、宁夏农垦乳业股份有限公司。 本文件主要起草人：陶金忠、脱征军、张令错、虎雪姣、施安、肖爱萍、杨卓、晁雅琳、张建勇、徐寒、文汇玉、朱继红、李欣、周佳敏、李委奇、张伟新、王琨、田博文、温万、田佳、张宇、王玲、许立华、刘维华、厉龙。

宁夏奶牛发情鉴定技术规程

1 范围

本文件规定了宁夏奶牛发情鉴定的外部观察法、直肠检查法、发情监测法。
本文件适用于宁夏奶牛发情鉴定的技术规范化操作。

2 规范性引用文件

本文件没有规范性引用文件。

3 术语和定义

下列术语和定义适用于本文件。

3.1 发情周期（Oestrus cycle）

母畜达初情期后，受生殖激素的支配，生殖器官及整个有机体发生的一系列周期性变化和性活动。通常指这次发情开始至下次发情开始，或这次发情结束至下次发情结束所间隔的时间。

3.2 吊线（Hang line）

奶牛发情期所表现的一种生殖道特征，从阴门流出牵缕性强的清亮或灰白色黏液，悬吊在阴门外，或沾污在外阴周围。

3.3 隐性发情（Recessive oestrus）

母牛缺乏发情特征或症状不明显，发情时缺少性欲表现，精神状态没有发生明显变化，有少量黏液从外阴流出，但有成熟卵泡排出。高产牛、瘦弱牛多发，冬季多发。

3.4 假发情（Fake oestrus）

有性欲表现，接受爬跨，但子宫口收缩，无发情黏液，卵巢内无发育卵泡。一般奶牛妊娠 5 个月左右多发。

3.5 持续发情（Continuous oestrus）

母牛发情症状明显，发情排卵延迟或不排卵，导致卵泡持续增大、增生，卵泡分泌过多的雌激素，刺激中枢神经系统性兴奋，持续表现出明显的发情行为。

4 外部观察法

重点观察发情母牛爬跨、阴道黏膜颜色和黏液形态变化情况等发情特征。

4.1 发情初期

4.1.1 行为特征

精神兴奋，喜眸叫，主动追逐公牛，多爬跨其他母牛，活动量增加。

4.1.2 生殖道

外阴肿胀，阴道黏膜潮红肿胀，子宫颈口微开，有稀薄黏液流出。

4.2 发情期

4.2.1 行为特征

追逐和爬跨其他牛，其他牛爬跨时站立不动（站立发情），频繁排尿。与发情初期相比，发情母牛活动时间增加，持续期 5~12 h。

4.2.2 生殖道

阴门由微肿而逐渐肿大饱满，柔软而松弛，阴唇黏膜充血、潮红，有光泽，阴户排出黏液并逐 渐增多，最初清亮像鸡蛋清，可拉成细长丝，并逐渐变白变浓，个别牛流出少量带血的分泌物。

4.3 发情末期

4.3.1 行为特征

母牛趋于安静，尾根紧贴阴门，逐渐拒绝公牛接近和爬跨，活动量减少。

4.3.2 生殖道

外阴潮红减退，黏液转为乳白色。

5 直肠检查法

5.1 检查方法

检查者将手伸至奶牛直肠内，直接触摸卵巢表面的卵泡和黄体，并根据卵泡的发育状态判断发情与否。

5.2 卵泡出现期

两侧卵巢均无功能黄体存在。卵巢体积稍有增大，卵泡的直径 0.5~0.75 cm，触之能感觉到卵巢上有 1 个软化点。

5.3 卵泡发育期

卵泡直径 1~1.5 cm，呈小球状，卵泡壁较薄，触摸有明显的波动感。其中一侧卵巢可以触摸到处于一定时期的卵泡，卵泡由小到大，由硬变软，由无波动到有波动，发情后期卵泡膜变薄，波动感明显，两侧卵巢均无功能黄体存在。子宫位于骨盆腔或耻骨前缘，质地略硬，且收缩反应敏感。

5.4 卵泡成熟期

卵泡体积不再增大，但卵泡壁变薄，紧张性增强，有一触就破的感觉。

5.5 排卵期

通常可持续 2~5 h，卵泡破裂并排出泡内液体，卵泡腔出现凹陷，同时卵巢逐渐恢复至原来大小，卵巢壁增厚。

6 发情监测法

6.1 计步器检测法

空怀母牛佩戴奶牛专用发情检测计步器，监测记录奶牛活动的强度、活动量参数，通过与计步器配套的专业智能分析系统，当活动量达到预先设定的限定值时，系统发出预警通知，初步判断为发情。

6.2 尾部涂蜡法

在奶牛的尾部使用专用彩色蜡笔，涂上宽 4~5 cm、长 15~20 cm 的蜡痕，如果接受了爬跨，尾部的蜡笔涂抹痕迹会被全部或部分蹭掉。根据蜡笔涂抹痕迹是否被蹭掉判断奶牛是否发情。

ICS 65.020.30
CCS B40/49

T/NAASS

宁 夏 回 族 自 治 区 农 学 会 团 体 标 准

T/NAASS 016—2022

宁夏高产奶牛胚胎移植技术规程

Regulations for embryo transplantation of high-yield dairy cows in Ningxia

2022-11-11 发布 2022-12-15 实施

宁夏回族自治区农学会 发 布

前　言

本文件按照 GB/T 1.1—2020《标准化工作导则　第 1 部分：标准化文件的结构和起草规则》的规定起草。

专利免责声明：本文件的某些内容可能涉及专利，本文件的发布机构不承担识别专利的责任。

本文件由宁夏回族自治区科技厅提出。

本文件由宁夏回族自治区农学会归口。

本文件起草单位：宁夏回族自治区畜牧工作站、宁夏职业技术学院、宁夏大学。

本文件主要起草人：脱征军、张秀陶、陶金忠、虎雪姣、李委奇、肖爱萍、张建勇、晁雅琳、李毓华、杨文琳、邵怀峰、周佳敏、张宇、赵洁、朱继红、张令凯、施安、杨卓、王瑜、田博文、温万、田佳、厉龙、王玲、许立华。

宁夏高产奶牛胚胎移植技术规程

1 范围

本文件规定了宁夏高产奶牛胚胎移植供体牛的选择与饲养管理、冷冻精液选择、供体牛超数排卵、供体牛人工授精、胚胎采集与回收、胚胎移植技术操作要求。

本文件适用于宁夏高产奶牛胚胎生产、移植技术推广应用的规范化操作。

2 规范性引用文件

下列文件中的内容通过文中的规范性引用而构成本文件必不可少的条款。其中，注日期的引用文件，仅该日期对应的版本适用于本文件；不注日期的引用文件，其最新版本（包括所有的修改单）适用于本文件。

GB 4143 牛冷冻精液

GB/T 3157 中国荷斯坦牛

GB/T 31582 牛性控冷冻精液

NY/T 34 奶牛饲养标准

NY/T 815 肉牛饲养标准

NY/T 1335 牛人工授精技术规程

NY/T 1445 奶牛胚胎移植技术规程

NY/T 3646 奶牛性控冻粒人工授粒技术规程

D864/T 1787 奶牛选种选配技术规程

3 术语和定义

下列术语和定义适用于本文件。

3.1 胚胎移植（Embryo Transplantation）

选择与供体牛生理状况相近的受体牛，用非手术方法将胚胎移植到受体牛子宫角内，以便胚胎继续发育。

4 供体牛的选择与饲养管理

4.1 供体牛的选择

4.1.1 供体牛应符合 GB/T 3157 荷斯坦母牛标准，系谱档案完整，体型线性评分在良好以上，体格健壮，无遗传缺陷。

4.1.2 成年母牛做供体牛时，应选择参加奶牛生产性能测定（DHI），生产性能优良的牛，或经遗传评估（EBV）有育种价值的牛。

4.1.3 青年母牛做供体牛时，应选择全基因组检测（GEBV）有育种价值，或其父母生产性能优良的牛。

4.2 供体牛的饲养管理

4.2.1 供体牛饲养环境应保持舒适、稳定，避免出现各种环境、免疫接种等应激反应。

4.2.2 保证科学、合理、平衡的日粮营养。饲养标准按照 NY/T 34 规定执行，管理要求按照 NY/T 1445 规定执行。

4.2.3 超数排卵前 1 个月，根据供体牛体况，适量增加精料，适量补充复合维生素、微量元素。超数排卵期间体重应处于增重状态。

5 冷冻精液选择

5.1 选择谱系清楚，遗传性状稳定，生产性能优良的验证种公牛冷冻精液与供体牛进行选配。选种选配的要求按照 DB64/T 1787 规定执行。

5.2 常规冷冻精液质量符合 GB 4113 规定，性控冷冻精液质量符合 GB/T 31582 规定。

6 供体牛超数排卵

6.1 季节选择

以春、秋季节为宜，应尽量避开酷暑和严寒时节。

6.2 激素选择

超数排卵选用的生殖激素名称、类型、注射剂量及功能见附录 A。

6.3 超数排卵方案

6.3.1 不考虑供体牛的发情时间，避开发情期。应用 CIDR+FSH+PGF2α 法，进行超数排卵处理。使用专用 CIDR 枪将 CIDR 送至供体牛子宫颈口处。

6.3.2 放置 CIDR之日计为 0 d，在 7~9 d 开始，采用连续递减注射法肌肉注射 FSH，每天早、晚间隔 12 h 各注射 FSH 1 次，连续注射 4 d。

6.3.3 在第 5 次和第 6 次注射 FSH 时，同时注射 PGF2α。

6.3.4 在第6 次注射 FSH 后，取出 CIDR，用生理盐水分别溶解 320 万 IU 青霉素和 100 万 IU 链霉素，并与 50 mL 生理盐水混合后，冲洗供体牛阴道。具体操作方法见附录 B.1。

7 供体牛人工授精

7.1 供体牛发情鉴定

在第 8 次注射 FSH 后， 年隔 4 h 观察 1 次发情，每次 0.5 h 以上。以供体牛站定接受其他牛爬跨作为发情的标准，并做好发情记录。

7.2 供体牛常规冷冻精液人工授精

7.2.1 供体牛站立发情后 l2 h 进行第 1 次人上授精，同时肌肉注射 0.05 mg LHRH-A3；间隔 12 h 进行第 2 次人工授精。

7.2.2 第 2 次人工授精后，通过直肠检查供体牛卵巢，如果还有大量卵泡没有排放，肌肉注射 0.05 mg LHRH-A3，间隔 12 h 第 3 次人工授精。

7.2.3 前 2 次人工授精时，每次使用 2 支冷冻精液，第 3 次人工授精使用 1 支冷冻精液。

7.2.4 人工授精应输配至供体母牛子宫体。具体操作方法按照 NY/T 1335 中的规定执行。

7.3 供体牛性控冷冻精液人工授精

7.3.1 配种间隔时间 8~10 h，人工授精每次使用 2 支性控冷冻精液。其他操作程序与常规冷冻精液人工授精相同。

7.3.2 人工授精应输配至左右两侧子宫角大弯处。具体操作方法按照 NY/T 3646 中的规定执行。

8 胚胎采集与回收

8.1 准备工作

8.1.1 在供体牛发情后的第 6 天，检胚实验室应提前做好清洁和消毒，室温宜在 20~25℃，避免阳光直射。

8.1.2 提前准备好胚胎采集回收所用的器械设备及试剂耗材，并做好消洗、消毒灭菌等。要求见附录C、附录D。具体操作方法按照 NY/T 1445 规定执行。

8.2 胚胎采集

在供体牛发情后的第 6 天、第 7 天，用非手术方法进行回收。具体操作方法按照 NY/T 1445 规定执行。

8.3 检胚

将回收的冲卵液迅速送到检胚室，通过体视显微镜进行检胚处理。具体操作方法按照 NY/T 1445 规定执行。

8.4 胚胎鉴定

对检出的胚胎进行鉴定、分级和洗涤。具体操作方法按照 NY/T 1445 规定执行。

8.5 胚胎的保存

经过鉴定后的可用胚胎，应尽快进行移植或冷冻保存。具体操作方法按照 NY/T 1445 规定执行。

8.6 记录

做好每一批次每头供体牛的超数排卵、人工授精、胚胎回收和处理及胚胎生产统计记录，要求见附录 E、附录F。

9 胚胎移植

9.1 受体牛的选择与饲养管理

9.1.1 受体牛的选择

受体牛应选择体格较大、健康、繁殖机能正常的荷斯坦青年牛或杂交改良肉用母牛做受体，人工授精 2 次不孕的不得作为受体。

9.1.2 受体牛的饲养管理

9.1.2.1 受体牛饲养环境按照 4.2.1 执行。

9.1.2.2 应保证受体牛科学、平衡的日粮营养，饲养标准按照 NY/T 34 和 NY/T 815 执行。

9.1.2.3 受体移植前 1 个月开始补饲，适量补充微量元素和复合维生素，移植期间体重应处于增重状态。饲养标准按照 NY/T 34 和 NY/T 815 执行。

9.2 受体牛的发情处理

9.2.1 自然发情

黄体良好且与供体牛发情前后相差不超过±24 h 的自然发情受体牛，宜作为合格受体进行胚胎移植。

9.2.2 同期发情

9.2.2.1 处于发情周期 7~15 d 且直肠检查黄体良好的受体，采用 1 次注射 PGF2α 法进行同期发情处理。处理时间与供体牛相吻合。

9.2.2.2 在不考虑发情周期的情况下，宜采用 2 次注射 PGF2α 或 CIDR+PGF2α 法对受体进行同期发情处理。处理时间与供体牛相吻合。

9.2.3 发情观察

同期发情处理的受体牛，在注射 PGF2α 24 h 后开始跟群观察发情，以稳定站立接受其他牛爬跨为准确发情标准，观察发情时间持续至撤栓后 96 h，做好发情观察记录。

9.3 黄体检查

9.3.1 受体牛发情第 6 天，通过直肠触摸子宫、卵巢，检查卵巢上黄体发育情况，确定排卵侧是否有功能性黄体。

9.3.2 可移植的受体牛应具有以下特征：子宫发育良好，形态质地正常；黄体直径 1 cm 以上且突起明显，质地稍硬弹性好。

9.3.3 直肠触诊检查受体卵巢和黄体时，动作应轻柔，避免过分刺激黄体和卵巢。

9.4 移植

9.4.1 供体牛采集的新鲜胚胎，可以直接移植给与供体牛发情时间相差±24 h，并经直肠触诊检查黄体合格的受体牛。

9.4.2 冷冻保存的胚胎在移植时，应进行解冻处理，并对胚胎质量进行鉴定，胚胎移植应在受体牛发情的第6、第 7 天进行。移植所用器械设备和试剂耗材见附录 G。具体操作按照 NY/T 1445 规定执行。

9.5 妊娠检查

9.5.1 胚胎移植后应注意观察受体牛第 1、第 2 情期返情情况。

9.5.2 移植后 28~60 d，对未返情的牛只通过 B 超检查或直肠触诊等方法进行妊娠检查，并做好记录。

9.5.3 移植后 90~120 d 进行直肠触诊复检。妊娠检查时动作应轻柔，避免造成流产。

9.5.4 受体牛妊娠后，应加强饲养管理，营养全面，与其他牛分群饲养，避免打斗、追赶、抽打等造成流产。

9.6 记录

做好受体牛的发情观察、黄体检查、胚胎移植和妊娠检查记录，记录要求和方法见附录 H。

附　录　A
（资料性）

超数排卵选用激素

A.1　选用超数排卵激素见表 A.1

表 A.1　超数排卵选用激素

激素名称	类型	剂量（注射总量/头）	功能
促卵泡素（FSH）	冻干针剂	肌肉注射，经产牛 360~400 mg/头，育成牛 300~320 mg/头。规格：400 mg/瓶（以加拿大生产的 FSH 为例）	保证多个卵子同时发育成熟，是超数排卵的主要激素
孕酮缓释阴道栓	硅胶或海绵制品	1 支/头，规格：1.56 g/支（以新西兰生产的 CIDR 为例）	含有孕酮（P），维持血液中的孕酮水平，抑制供体发情，促进卵泡发育同步。常用孕酮缓释阴道栓有 Y 型（CIDR）、T 型（PRID）等
促黄体素释放激素（LHRH–A3）	水针剂/粉剂	在输精或输精前 4~6 h 肌肉注射 0.05 mg/头。规格：0.025 mg/支	促进 LH 的释放，进而促进多个卵子同步成熟、排出，促进黄体形成
前列腺素 F2α（PGF2α）	水针剂	超数排卵过程中肌肉注射 0.4 mg。规格：0.2 mg/支	溶解黄体，防止黄体囊肿和持久黄体的形成，促进供体牛发情

附 录 B
（资料性）
超数排卵与人工授精操作程序

B.1 超数排卵操作程序见图 B.1

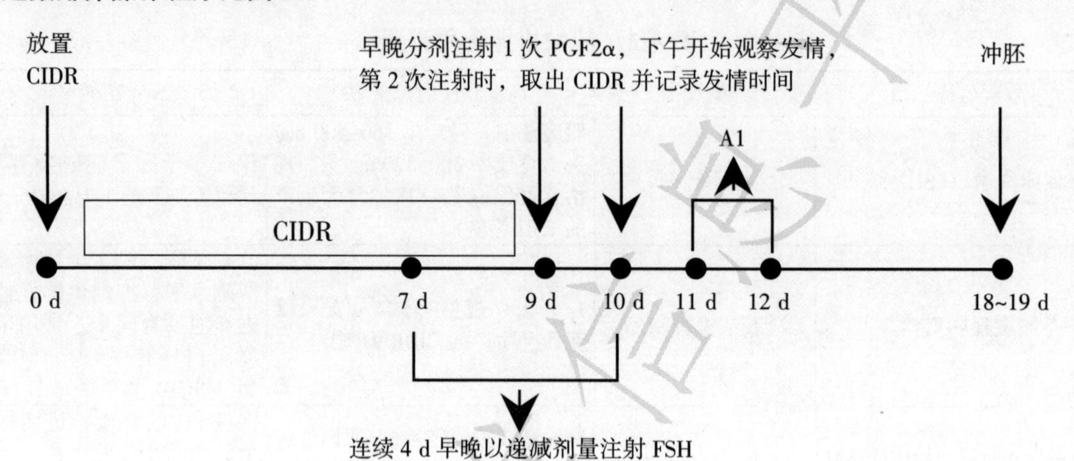

图 B.1 超数排卵操作程序

B.2 常规冷冻精液人工授精操作程序见图 B.2

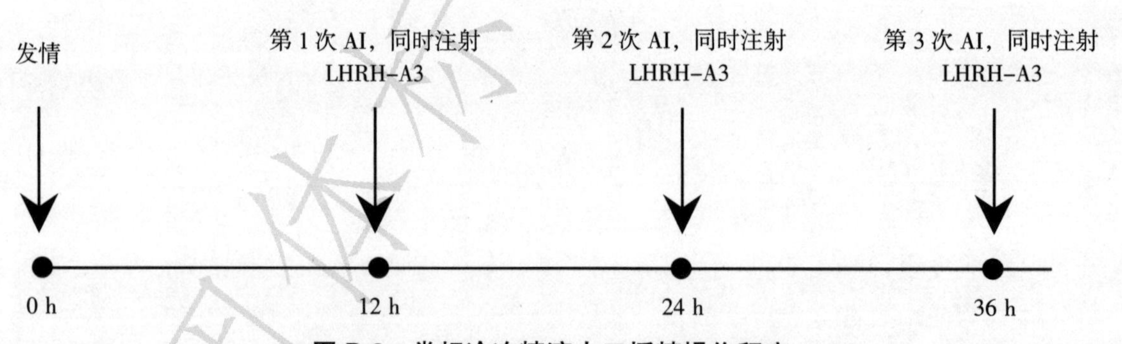

图 B.2 常规冷冻精液人工授精操作程序

B.3 性控冷冻精液人工授精操作程序见图 B.3

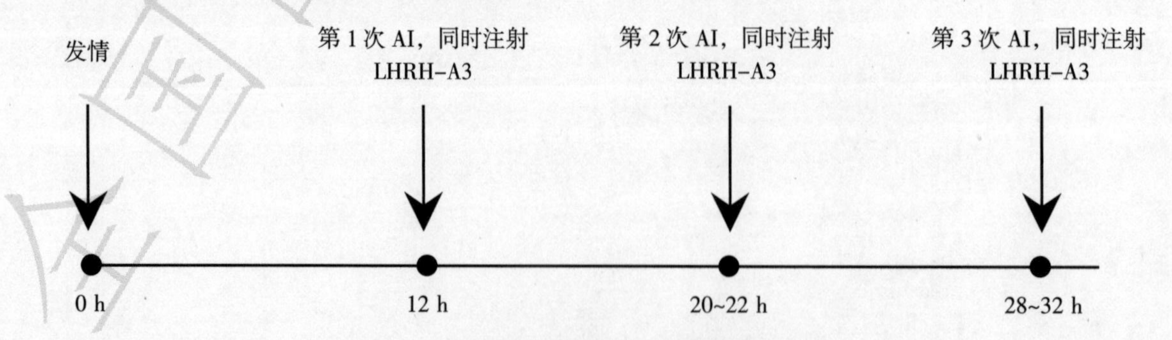

图 B.3 性控冷冻精液人工授精操作程序

PGF2α：前列腺素 F2α
CIDR：Y 型孕酮缓释阴道栓
AI：人工授精
LHRH-A3：促黄体素释放激素

附　录　C
（资料性）
胚胎采集与回收使用器械设备表

胚胎采集与回收使用器械设备见表 C.1。

表 C.1　器械设备表

序号	名称	序号	名称
1	CIDR 枪	19	体视显微镜
2	子宫颈扩张棒	20	胚胎冷冻仪
3	子宫黏液去除棒	21	恒温板
4	集卵杯	22	水浴锅
5	15# 冲卵管	23	电暖气
6	18# 冲卵管	24	液氮罐
7	15# 冲卵管钢芯	25	输精枪
8	18# 冲卵管钢芯	26	止血钳
9	100 uL 加样器	27	镊子
10	1 000 uL 加样器	28	细管剪
11	砂轮	29	泡沫箱
12	吸胎胚管	30	头灯
13	口吸管	31	白大褂
14	量筒	32	汤瓶
15	解冻杯	33	雨鞋
16	液氮杯	34	连体服
17	酒精灯	35	紫外线灯
18	温度计	36	喷壶

附 录 D
（资料性）
胚胎生产使用试剂耗材表

胚胎采集与回收使用试剂耗材见表 D.1。

表 D.1 试剂耗材表

序号	名称	序号	名称
1	5%碘酊	21	四孔盘
2	75%酒精	22	0.22 um 过滤器
3	高锰酸钾	23	1 mL 注射器
4	维生素 AD 注射液	24	5 mL 注射器
5	亚硒酸钠–维生素 E 注射液	25	20 mL 注射器
6	石蜡油	26	30 mL 注射器
7	青霉素	27	50 mL 注射器
8	链霉素	28	0.25 mL 胚胎细管
9	阴道栓（CIDR）	29	棉球
10	促卵泡素（FSH）	30	纸巾
11	前列腺素（PGF2α）	31	擦镜纸
12	促黄体素释放激素（LHRH–A3）	32	封口塞
13	冲卵液（PBS 液）	33	封口粉
14	保存液（Holding 液）	34	输精枪外套
15	乙二醇冷冻液	35	拇指管
16	2%利多卡因	36	记号笔
17	无水乙醇	37	直检手套
18	生理盐水	38	橡胶手套
19	35 mm 培养皿	39	加样器枪头
20	90 mm 培养皿		

附 录 E
（资料性）
超数排卵及胚胎采集记录

超数排卵及胚胎采集记录见表 E.1。

表 E.1 超数排卵及卵母细胞采集记录

地　　点＿＿＿＿＿＿＿＿ 牛场名称＿＿＿＿＿＿＿＿ 负 责 人＿＿＿＿＿＿
供体牛号＿＿＿＿＿＿＿＿ 品　　种＿＿＿＿＿＿＿＿ 出生日期＿＿＿＿＿＿
公 牛 号＿＿＿＿＿＿＿＿ 公 牛 站＿＿＿＿＿＿＿＿ 精液质量＿＿＿＿＿＿
超排处理＿＿＿＿＿＿＿＿＿＿＿＿＿＿＿＿＿＿＿＿＿＿＿＿＿＿
放栓前处理＿＿＿＿＿＿＿＿＿＿＿＿ 放栓日期及时间＿＿＿＿＿＿＿＿＿＿
FSH 厂家＿＿＿＿＿＿＿＿＿＿＿＿ 注 射 剂 量＿＿＿＿＿＿＿＿＿＿

时间	FSH 剂量（mL）	其他处理	人工授精日期、时间及数量：
	早晨		发情日期及时间＿＿＿＿＿＿
	晚上		＿＿＿＿＿＿＿＿
	早晨		第 1 次＿＿＿＿＿＿
	晚上		＿＿＿＿＿＿＿＿
	早晨		第 2 次＿＿＿＿＿＿
	晚上		＿＿＿＿＿＿＿＿
	早晨		第 3 次＿＿＿＿＿＿
	晚上		＿＿＿＿＿＿＿＿
总剂量			输精人员：

卵母细胞采集： 采卵时间：
受精时间： 胚胎检测：
胚胎冷冻： 冷冻仪：
程序号：

采卵人员：＿＿＿＿＿＿ 检卵人员：＿＿＿＿＿＿ 授精人员：＿＿＿＿＿＿
冷冻人员：＿＿＿＿＿＿

附 录 F
（资料性）
胚胎生产统计表

胚胎生产统计见表 F.1。

表 F.1 胚胎生产统计表

序号	时间	供体牛号	采胚综述	可用胚胎																不可用胚胎			术者	备注
				合计	M			CM			EB			BL			EXB			合计	无精	退化		
					A 级	B 级	C 级	A 级	B 级	C 级	A 级	B 级	C 级	A 级	B 级	C 级	A 级	B 级	C 级					
1																								
2																								
3																								
4																								
5																								
6																								
7																								
8																								
合计																								

附 录 G
（资料性）
胚胎移植使用器械设备与试剂耗材表

胚胎移植使用器械设备与试剂耗材准备见表 G.1。

表 G.1 胚胎移植使用器械设备与试剂耗材表

序号	器械设备名称	序号	试剂耗材与名称
1	CIDR 枪	1	阴道栓（CIDR）
2	体式显微镜	2	前列腺素（PGF2α）
3	恒温板	3	2%利多卡因
4	细管剪	4	保存液
5	剪毛剪	5	75%酒精
6	温度计	6	5 ral 注射器
7	解冻杯	7	高锰酸钾
8	擦镜纸	8	0.25 mL 胚胎细管
9	棉球	9	0.22 um 过滤器
10	胚胎吸管	IO	35 mm 培养皿
11	液氮罐	11	直检手套
12	胚胎移植枪	12	纸巾
13	连体服	13	移植枪硬外套
14	汤瓶	14	移植枪外套膜
15	雨鞋		

附 录 H
（资料性）
胚胎移植记录表

胚胎移植记录见表 H.1。

表 H.1 胚胎移植记录表

序号	牛号	发情时间	黄体情况	移植时间	胚胎编号	类型级别	术者	妊娠时间	妊娠结果	备注
1										
2										
3										
4										
5										
6										
7										
8										
9										
10										
11										
12										
13										
14										
15										

ICS 65.020.30
CCS A0311

T/NAASS

宁 夏 回 族 自 治 区 农 学 会 团 体 标 准

T/NAASS 021—2022

宁夏规模奶牛场哺乳犊牛饲养管理技术规程

Technical regulations for feeding and management of young calf in Ningxia large–scaled dairy farm

2022－11－12 发布　　2022－12－16 实施

宁夏回族自治区农学会　　发 布

前　言

本文件按照 GB/T 1.1—2020《标准化工作导则　第 1 部分：标准化文件的结构和起草规则》的规定起草。

本文件由宁夏回族自治区科技厅提出。

本文件由宁夏回族自治区农学会归口。

本文件起草单位：宁夏大学、宁夏农垦乳业股份有限公司、宁夏回族自治区畜牧工作站、宁夏回族自治区兽药饲料监察所、中国农业大学、贺兰优源润泽牧业股份有限公司。

本文件主要起草人：徐晓锋、王小伟、王玲、许立华、张力莉、马燕芬、杨玉东、吴双军、刘敏、郭成、刘永军、李艳艳、周吉清、厉龙、周佳敏、田佳、朱继红、毛春春、张宇、脱征军、温万、刘维华、杜爱杰、虎雪姣、任宇佳、马苗苗、侯丽娥、路婷婷。

宁夏规模奶牛场哺乳犊牛饲养管理技术规程

1 范围

本文件规定了宁夏规模奶牛场新生犊牛、哺乳期犊牛的饲养管理、断奶犊牛的技术要求、卫生环境管理。

本文件适用于宁夏规模奶牛场哺乳犊牛的饲养管理。

2 规范性引用文件

下列文件中的内容通过文中的规范性引用而构成本文件必不可少的条款。其中，注日期的引用文件，仅该日期对应的版本适用于本文件；不注日期的引用文件，其最新版本（包括所有的修改单）适用于本文件。

GB/T 37116 后备奶牛饲养技术规范

GB 5749 生活饮用水标准

NY 5032 无公害食品 畜禽饲料和饲料添加剂使用准则

3 术语和定义

下列术语和定义适用于本文件。

3.1 新生犊牛（Newborn calf）

出生1日龄的犊牛。

3.2 哺乳犊牛（Suckling calf）

2日龄到60日龄断奶的犊牛。

3.3 初乳（Colostrum）

母牛分娩后第1次挤出的乳汁。

3.4 断奶犊牛（Weaned calf）

断奶到6月龄的犊牛。

4 饲养管理

4.1 新生犊牛的饲养管理

4.1.1 环境安静，垫料干燥、干净、舒适，胎衣及被污染的垫料及时清理，定期对产房进行消毒。

4.1.2 新生犊牛的护理

4.1.2.1 犊牛出生后立即与母牛分开，用干净消毒后的毛巾清理口腔、鼻腔的黏液以及擦拭身体，确保犊牛呼吸正常和身体干燥。

4.1.2.2 在距肚脐10 cm处剪断脐带，用手向下挤出脐带内容物，并使用10%浓碘酊进行消毒，转出产房时再消毒1次。

4.1.2.3 在清理犊牛身体后，注重犊牛消毒保温工作，秋、冬季节使用红外灯保温。

4.1.2.4 适时佩戴耳标，耳标号应体现出生年月信息，并记录犊牛初生重量以及体尺等信息。

4.1.2.5 犊牛出生1 h内，体重>30 kg，灌服4 L初乳；体重≤30 kg，灌服3 L初乳。出生后6~10 h再次灌服2 L初乳。初乳质量应符合以下要求：

——免疫球蛋白（IgG）含量≥50 mg/mL；

——总细菌数<50 000 CFU/mL；

——大肠杆菌数<5 000 CFU/mL。

4.1.2.6 合格优质初乳采用小挤奶机进行收集，经60℃巴杀60 min、记录信息（母牛耳号、收集时间等）后，-20℃冷冻保存备用。冷冻初乳应使用50~60℃水浴解冻，解冻后及时饲喂，不得再次冷冻，饲喂温度应在39~40℃。

4.1.2.7 犊牛饲喂初乳后检验初乳饲喂效果，血清总蛋白≥55 mg/mL，说明被动免疫成功。被动免疫成功率≥95%。

4.2 哺乳犊牛的饲养管理

4.2.1 哺乳犊牛应采用单栏（犊牛岛）或小群饲养，饲养面积应≥3 m²/头。

4.2.2 犊牛岛应具有保温、通风、坚固、便于清洗等特点，犊牛岛使用前清洗、消毒、铺放垫料，犊牛岛之间保持相对距离，避免犊牛相互舔舐。

4.2.3 哺乳犊牛使用常乳或代乳粉饲喂，饲喂过程应符合以下要求：

——2~7日龄与53~60日龄哺乳犊牛采用过度饲喂方式，避免消化不良以及减小断奶应激；

——奶温38~40℃；

——每日饲喂次数2~3次，做到定时、定量；

——喂奶速度要慢，避免喂奶过快而造成部分乳汁流入瘤网胃，引起消化不良。

4.2.4 犊牛出生后第3天开始训练采食开食料，具体方法为喂奶后在犊牛口腔中放入少量颗粒料，引导采食。饲喂过程应符合以下条件：

——坚持少加勤加的原则，保证饲喂器具及饲料卫生；

——桶距离地面30~40 cm；

——禁止饲喂发霉变质饲料；

——每日早上饲喂前清理剩余开食料，称重、记录剩料量以便调整后期饲喂量；

——饲料以及添加剂的使用应符合NY 5032规定。

4.2.5 犊牛3日龄后开始自由饮水，应保证饮水干净和器具卫生；每日更换2次饮水，饮水应符合GB 5749规定；冬季应提供温水，水温应为15~37℃。

4.2.6 犊牛在4~10日龄去角。常用的去角方法有苛性钠法、电烙铁法。具体方法如下。

——苛性钠法：先剪去角基周围的被毛，在角基周围涂上一圈凡士林，然后手持苛性钠棒（一端用纸包裹）在角根上轻轻地擦磨，直至皮肤有微量血红渗出为止。

——电烙铁法：利用高温破坏角基细胞，达到不再长角的目的。先将电动去角器通电升温至480~540℃，然后用充分加热的去角器处理角基，每个角基根部处理5~10 s。

4.2.7 犊牛在哺乳期内剪除副乳头，适宜的时间是2~6周龄。剪除方法：先将乳房周围部位洗净和消毒，将副乳头轻轻拉向下方，用锐利的剪刀从乳房基部剪下，剪除后在伤口上涂少量消炎药。

4.2.8 哺乳期犊牛应注意预防腹泻和肺炎。哺乳期犊牛饲养应达到以下标准：

——成活率≥97%；

——腹泻发病率≤10%；

——肺炎发病率≤2%。

4.3 断奶犊牛的技术要求

4.3.1 断奶犊牛日龄为6~8周龄，并达到以下断奶要求：

——断奶体重/出生体重≥2.0；

——连续3 d采食量达到1.0~1.5 kg。

4.3.2 若在断奶期过渡期发生疾病或营养不良，或未达到断奶标准，可推迟断奶时间。

4.3.3 断奶和换料不应同时进行，以避免应激过大。

4.3.4 断奶后犊牛应在犊牛舍饲养1周左右，随后转入断奶牛舍，应分群饲养，便于管理。

5 卫生环境管理

5.1 使用器具应及时清洗消毒。

5.2 夏季蚊蝇较多时，应及时防控；防控蚊蝇的装置应远离饮食、饮水，避免犊牛误食。

5.3 夏季犊牛岛应通风，搭建遮阳网；冬季应防寒保暖。

5.4 每日巡栏，适时发现患病犊牛，及时治疗。

ICS 65.020.30
CCS B 44

T/NAASS

宁夏回族自治区农学会团体标准

T/NAASS 023—2022

宁夏规模奶牛场泌乳牛饲养管理技术规程

Technical regulations for feeding and management of lactating dairy cows in Ningxia large-scaled dairy Farm

2022-11-12 发布　　2022-12-16 实施

宁夏回族自治区农学会　　发 布

前 言

本文件按照 GB/T 1.1—2020《标准化工作导则　第 1 部分：标准化文件的结构和起草规则》的规定起草。

本文件由宁夏回族自治区科技厅提出。

本文件由宁夏回族自治区农学会归口。

本文件起草单位：宁夏大学、宁夏回族自治区畜牧工作站、宁夏农垦乳业股份有限公司、宁夏回族自治区兽药饲料监察所、贺兰优源润泽牧业股份有限公司、宁夏上陵牧业股份有限公司。

本文件主要起草人：王玲、许立华、温万、刘永军、许静华、李艳艳、马丽琴、苟妍、周吉青、马苗苗、张成友、王瑞、杜爱杰、丁保林、刘乐、厉龙、周佳敏、田佳、朱继红、毛春春、张宇、脱征军、刘维华、虎雪姣、任宇佳、侯丽娥、路婷婷、武彦泽。

宁夏规模奶牛场泌乳牛饲养管理技术规程

1 范围

本文件规定了规模奶牛场泌乳牛饲养管理技术的术语与定义、分群及原则、营养需要与饲料、饲养管理和舒适度管理等。

本文件适用于宁夏规模奶牛场泌乳牛的饲养管理。

2 规范性引用文件

下列文件中的内容通过文中的规范性引用而构成本文件必不可少的条款。其中，注日期的引用文件，仅该日期对应的版本适用于本文件；不注日期的引用文件，其最新版本（包括所有的修改单）适用于本文件。

GB 13078　饲料卫生标准

GB 16568　奶牛场卫生规范

NY/T 14　高产奶牛饲养管理规范

NY/T 34　奶牛饲养标准

NY/T 3049　奶牛全混合日粮生产技术规程

NY 5027　无公害食品　畜禽饮用水水质

中华人民共和国农业部公告第 1773 号　饲料原料国家

中华人民共和国农业部公告第 2038 号　饲料原料目录增补目录

中华人民共和国农业部公告第 2045 号　饲料添加剂品种目录

中华人民共和国农业部公告第 2625 号　饲料添加剂安全使用规范

3 术语和定义

下列术语和定义适用于本文件。

3.1 泌乳牛（Lactation dairy cow）

指产犊后开始产奶至干奶这一阶段的奶牛。

3.2 全混合日粮（Total mixed ration，TMR）

根据奶牛营养需要和饲料原料的营养价值，科学合理设计日粮配方，选用的粗饲料、精饲料、矿物质、维生素和添加剂等饲料原料按照一定比例，通过专用的搅拌机械进行切割搅拌而制成的一种混合均匀、营养相对均衡的日粮。

（来源：NY/T 3049-2016，3.1）

3.3 体况评分（Body conditions score，BCS）

评定个体奶牛膘情的一种方法，一般采用 5 分制。

（来源：NY/T 14-2021，3.3，有修改）

3.4 自愿等待期（Voluntary waiting period，VMP）

奶牛产犊后，为了恢复子宫机能，即使发情也不进行配种的这段时间。

（来源：NY/T 14-2021，3.5，有修改）

3.5 奶牛舒适度（Cow comfort）

指奶牛在采食、饮水、躺卧休息、社交等方面感到的舒适程度。

4 分群及原则

4.1 根据泌乳牛的泌乳天数和产奶量，将泌乳牛群分为新产、泌乳前期、泌乳中期和泌乳后期牛群。
4.2 头胎新产牛和其他头胎泌乳牛应单独组群。
4.3 健康存在问题的牛只可单独组群。
4.4 泌乳中期体况评分超过 3.5 分的牛只，应转入泌乳后期牛群饲喂；泌乳后期体况评分低于 3.0 分的牛只，应及时转入泌乳中期或泌乳前期牛群饲喂。

5 营养需要与饲料

5.1 营养需要

泌乳牛的营养需要按 NY/T 34 规定执行。

5.2 饲料和全混合日粮

5.2.1 饲料原料和饲料添加剂应符合中华人民共和国农业部公告第 1773 号、第 2038 号、第 2045 号公告规定。饲料添加剂产品的使用应严格按照中华人民共和国农业部公告第 2625 号规定。
5.2.2 泌乳牛应饲喂全混合日粮（TMR），TMR 制作按照 NY/T 3049 规定执行。
5.2.3 饲料原料和 TMR 的卫生指标应符合 GB 13078 要求。

6 饲养管理

6.1 新产牛(分娩至产后 21 d)

6.1.1 产后应灌服 40 L 由麸皮、丙二醇、丙酸钙等配制的灌服液。
6.1.2 产后应观察奶牛精神状态、采食状态，检查子宫分泌物情况，监测体温。
6.1.3 头胎牛和经产牛分群管理。
6.1.4 应饲喂优质青干草和全株玉米青贮。
6.1.5 体况评分值保持在 2.75 分以上为宜（附录 A）。

6.2 泌乳前期牛（产后 22 d 至产后 100 d）

6.2.1 应选择优质青干草和全株玉米青贮。
6.2.2 应饲喂过瘤胃脂肪、膨化大豆、过瘤胃豆粕、过瘤胃氨基酸、瘤胃调控剂等产品。
6.2.3 应在奶牛精料中添加 1.0%~1. 5%小苏打、0.5%氧化镁等缓冲剂。
6.2.4 应在自愿等待期后及时配种。高产奶牛自愿等待期应大于 50 d。
6.2.5 体况评分值保持在 2.75~3.0 分为宜。

6.3 泌乳中期牛（产后 101 d 至产后 200 d）

6.3.1 应适当减少精料，增加粗饲料喂量。
6.3.2 奶牛体况评分值保持在 3.0~3.25 分为宜，避免奶牛偏胖。体况评分超过 3.5 分的牛只，应及时转入泌乳后期牛群饲喂。

6.4 泌乳后期牛（产后 201 d 至干奶）

6.4.1 增加粗饲料喂量。
6.4.2 体况评分值保持在 3.0~3.25 分为宜，避免奶牛偏胖。体况评分不足 3.0 分的牛只，应及时转入泌乳前期、泌乳中期牛群饲喂。

6.5 不同阶段泌乳牛日粮营养指标

不同阶段泌乳牛日粮营养指标见附录 B。

7 舒适度管理

7.1 牧场选址、布局、牛舍、运动场按照 NY/T 2662 中的要求执行。

7.2 卧床垫料可选择沙子、干燥牛粪等松软、干燥的材料。每天清理、平整卧床，保证翻耕过的卧床松软深度达 15 cm 以上，确保卧床的干净与干燥。定期补充卧床垫料，垫料厚度不小于 15 cm。

7.3 运动场应做好排水工作，不得积水。应及时将石块、铁丝、木刺等坚硬、尖锐的危险异物清理干净。每周耙松运动场 2~3 次。

7.4 牛舍采食区域每犬清粪 2~3 次。

7.5 每间隔 1 h 推料 1 次。每天至少清理食槽 1 次，保持食槽卫生。

7.6 饮水应符合 NY 5027 要求。使用保温水槽。每天清洗水槽内部 1 次，保证饮水清洁。每天检查水槽浮球、开关等设施，保证水槽正常。若有故障，及时进行维修。

7.7 夏季热应激时，在牛舍内采食区和待挤厅安装风机、喷淋等定时降温系统，在牛床（休息区）上方安装风机，采用吹风或喷淋与吹风交替的方式降温。保证奶牛采食和躺卧区域风速达到 3 m/s。

附 录 A
（规范性）
奶牛体况评分标准

A.1 奶牛体况评分标准

见表 A.1。

表 A.1 奶牛体况评分标准

分值	脊椎部	肋骨	臀部两侧	尾根两侧	髋骨、坐骨结节
1	非常突出	根根可见	严重下陷	陷窝很深	非常突出
2	明显突出	多数可见	明显下陷	陷窝明显	明显突出
3	稍显突出	少数可见	稍显下陷	陷窝稍显	稍显突出
4	平直	完全不见	平直	陷窝不显	不显突出
5	丰满	丰满	丰满	丰满	丰满

附　录　B
（规范性）
不同阶段泌乳奶牛日粮营养参数

B.1　不同阶段泌乳奶牛日粮营养参数

见表 B.1。

表 B.1　不同阶段泌乳奶牛日粮营养参数

泌乳阶段	DM 占体重（%）	DMI（kg）	XEL（MJ/kg）	CP（%DM）	NDF（%DM）	淀粉（%DM）	Ca（%DM）	P（%DM）
新产牛	2.0~3.0	17~19	7.1~7.5	17~19	30~32	22~26	0.7~0.9	0.4~0.6
泌乳前期	3.5	22~24	7.1~7.3	16~19	28~32	24~30	0.8~1.0	0.5~0.7
泌乳中期	3.0~3.5	20~23	6.3~6.7	15~16	35~45	20~23	0.8~0.9	0.5~0.6
泌乳后期	2.5~3.0	18~20	6.0~6.3	14~15	35~45	20~21	0.7~0.8	0.5~0.6

ICS 65. 020. 30
CCS B 44

T/NAASS

宁夏回族自治区农学会团体标准

T/NAASS 022—2022

宁夏规模奶牛场干奶牛围产牛饲养管理技术规程

Technical regulations for feeding and management of dried cow and periparturient cow in Ningxia scale dairy farm

2022 – 11 – 12 发布　　2022 – 12 – 16 实施

宁夏回族自治区农学会　　发 布

前　言

本文件按照 GB/T 1.1—2020《标准化工作导则　第 1 部分：标准化文件的结构和起草规则》的规定起草。

本文件由宁夏回族自治区科技厅提出。

本文件由宁夏回族自治区农学会归口。

本文件起草单位：宁夏大学、宁夏农垦乳业股份有限公司、宁夏回族自治区畜牧工作站、宁夏回族自治区兽药饲料监察所、中国农业大学、贺兰优源润泽牧业有限公司、宁夏上陵牧业股份有限公司。

本文件主要起草人：王玲、许立华、刘永军、温万、许静华、徐晓锋、李艳艳、马丽琴、苟妍、周吉青、马苗苗、张成友、杜爱杰、丁保林、王瑞、刘乐、厉龙、周佳敏、田佳、朱继红、毛春春、张宇、脱征军、刘维华、杜爱杰、虎雪姣、任宇佳、侯丽娥、路婷婷、叶亮亮。

宁夏规模奶牛场干奶牛围产牛饲养管理技术规程

1 范围

本文件规定了规模奶牛场干奶牛围产牛饲养管理的术语和定义、干奶方法、TMR及营养水平、饲养管理等。

本文件适用于宁夏规模奶牛场干奶牛围产牛的饲养管理。

2 规范性引用文件

下列文件中的内容通过文中的规范性引用而构成本文件必不可少的条款。其中，注日期的引用文件，仅该日期对应的版本适用于本文件；不注日期的引用文件，其最新版本（包括所有的修改单）适用于本文件。

GB 13078 饲料卫生标准
NY/T 34 奶牛饲养标准
NY/T 3049 奶牛全混合TMR生产技术规程
NY 5027 无公害食品 畜禽饮用水水质
NY/T 5049 无公害食品 奶牛饲养管理准则
中华人民共和国农业部公告第1773号 饲料原料目录
中华人民共和国农业部公告第2038号 饲料原料目录增补目录
中华人民共和国农业部公告第2045号 饲料添加剂品种目录
中华人民共和国农业部公告第2625号 饲料添加剂安全使用规范

3 术语和定义

下列术语和定义适用于本文件。

3.1 干奶牛（Dried cow）

指分娩前60 d停止挤奶到分娩前21 d的奶牛。

3.2 围产牛（Periparturient cow）

指分娩前21 d到分娩后21 d的奶牛。其中，产前21 d至分娩为围产前期奶牛，分娩至产后21 d为围产后期奶牛。

3.3 全混合（Total mixed ration，TMR）

根据奶牛营养需要和饲料原料的营养价值，科学合理设计TMR配方，选用的粗饲料、精饲料、矿物质、维生素和添加剂等饲料原料，按照一定比例通过专用的搅拌机械进行切割搅拌而制成的一种混合均匀营养相对均衡的TMR。

（来源：NY/T 3049-2016）

4 干奶方法

4.1 干奶前1周应进行隐性乳房炎检测，检测结果为阴性时予以正常干奶；若为阳性应治疗转为阴性后再进行干奶。

4.2 采用一次性干奶法。在预定干奶日一次性将4个乳区的牛奶挤净，向每个乳区注入1支长效抗生素干奶药膏，使用乳头封闭剂封闭乳头，用后药浴液进行乳头药浴。奶牛转入干奶牛群，注意观察乳房变化。

5 TMR及营养水平

5.1 营养需要

干奶牛围产牛营养需要应符合NY/T 34要求。

5.2 饲料

5.2.1 饲料原料和饲料添加剂应符合中华人民共和国农业部公告第 1773 号、第 2038 号、第 2045 号公告及其修订公告的规定。饲料添加剂产品的使用应严格按照中华人民共和国农业部公告第 2625 号规定。
5.2.2 干奶牛围产牛应饲喂 TMR。TMR 制作按照 NY/T 3049-2016 执行。
5.2.3 饲料原料和 TMR 的卫生指标应符合 GB 13078 规定。

5.3 营养水平

5.3.1 干奶牛日粮应以中等质量粗饲料为主，干物质采食量应占奶牛体重的 1.8%~2%，日粮干物质中，粗蛋白 12%~13%，泌乳净能 5.0~5.5 MJ/kg，钙 0.6%，磷 0.3%。
5.3.2 围产前期奶牛应以优质禾本科粗饲料为主，干物质采食量应占奶牛体重的 1.7%~2%，日粮干物质中，粗蛋白 14%~15%，泌乳净能 5.2~5.9 MJ/kg，钙 0.4%~0.5%，磷 0.34%~0.40%，钾<1.50%，镁 0.35%~0.40%。当使用阴离子盐时，日粮的阴阳离子差（DCAD）值建议为-100~-50 meq/kg，且保持 TMR 钙水平为 0.9%~1.2%，镁 0.4%，磷 0.34%~0.40%。
5.3.3 围产后期奶牛应饲喂消化率高的优质粗饲料。干物质采食量应达到 17 kg 以上，日粮干物质中，粗蛋白 17%~18%，泌乳净能 7.1~7.3 MJ/kg，中性洗涤纤维 28%~32%，钙 0.9%~1.0%，磷 0.37%~0.55%。

6 饲养管理

6.1 一般管理

6.1.1 日常管理应符合 NY/T 5049 规定。
6.1.2 运动场或牛舍应设饮水槽，饮水应符合 NY 5027 要求。冬季应对饮水加温，水温不宜低于 10℃。每天清洗水槽内部 1 次，保证饮水清洁。
6.1.3 卧床、运动场地面应保持干净、干燥。每天清理、平整卧床，定期补充卧床垫料。每周耙松运动场 2~3 次。
6.1.4 每天应清理食槽 1 次，保持食槽卫生。每间隔 1 h 推料 1 次。
6.1.5 夏季注意防暑降温，冬季注意防寒保暖工作。

6.2 干奶牛

6.2.1 干奶牛应单独组群，散栏饲养的密度应为颈枷数的 80%~90%。
6.2.2 每天应饲喂 2~3 次 TMR。
6.2.3 体况评分值以 3.0~3.25 为宜(附录 A)。

6.3 围产前期奶牛

6.3.1 青年牛在预产期前 28 d，经产牛在预产期前 21 d 由干奶牛舍转入围产牛舍。
6.3.2 青年围产牛应与经产围产牛分群饲养。
6.3.3 散栏饲养的密度应为颈枷数的 80%。
6.3.4 每天应饲喂 2~3 次 TMR。
6.3.5 体况评分值以 3.0~3.25 为宜。
6.3.6 昼夜设专人值班，注意观察临产症候的出现。尽量让奶牛自然分娩，需要助产时，要注意奶牛后躯、助产工具、助产人员的手臂等的清洗消毒工作。助产过程中避免强拉、猛拉。

6.4 围产后期奶牛

6.4.1 奶牛产后应灌服40 L 由麸皮、丙二醇、丙酸钙、氯化钾、硫酸镁等配制的灌服液。
6.4.2 产后 2 h 内收集初乳，检测合格的初乳经巴氏消毒后，封装到专用容器中，冷冻保存，保存时间不得超过 12 个月。
6.4.3 加强监控，观察胎衣、恶露排出情况。
6.4.4 观察奶牛精神状态、采食状态。
6.4.5 产后 10 d，每犬监控体温。若体温大于 39.5℃，且精神沉郁、食欲不佳，兽医要检查治疗。

6.4.6 奶牛产后 3 d 进行乳中抗生素残留检测，检测合格后转入新产牛群。
6.4.7 进行产后酮病检测，做好记录。
6.4.8 头胎牛和经产牛分群管理。
6.4.9 每天应饲喂 3 次 TMR。
6.4.10 体况评分值保持在 2.75 分以上为宜。

附 录 A
（规范性）
奶牛体况评分标准

A.1 奶牛体况评分标准

见表 A.1。

表 A.1 奶牛体况评分标准

分值	脊椎部	肋骨	臀部两侧	尾根两侧	髋骨、坐骨结节
1	非常突出	根根可见	严重下陷	陷窝很深	非常突出
2	明显突出	多数可见	明显下陷	陷窝明显	明显突出
3	稍显突出	少数可见	稍显下陷	陷窝稍显	稍显突出
4	平直	完全不见	平直	陷窝不显	不显突出
5	丰满	丰满	丰满	丰满	丰满

ICS 65.120
CCS A0311

T/NAASS

宁 夏 回 族 自 治 区 农 学 会 团 体 标 准

T/NAASS 024—2022

宁夏规模牛场全混合日粮制作及质量评价规程

Regulations for preparation and quality evaluation of total mixed ration in Ningxia large-scaled dairy farm

2022-11-12 发布　　2022-12-16 实施

宁夏回族自治区农学会　　发 布

前　言

本文件按照 GB/T 1.1—2020《标准化工作导则　第 1 部分：标准化文件的结构和起草规则》的规定起草。

本文件由宁夏回族自治区科技厅提出。

本文件由宁夏回族自治区农学会归口。

本文件起草单位：宁夏农垦乳业股份有限公司、宁夏大学、宁夏回族自治区畜牧工作站、宁夏博瑞饲料有限公司、宁夏回族自治区兽药饲料监察所。

本文件主要起草人：刘永军、王玲、温万、杨进喜、杨海峰、张立强、韩丽云、王德志、郑文凯、马世鹏、杨玉东、文汇玉、孙宝成、刘敏、文鹏、文亮、刘乐、白岩、厉龙、周佳敏、田佳、朱继红、毛春春、张宇、脱征军、刘维华、杜爱杰、虎雪姣、任宇佳、马苗苗、侯丽娥、路婷婷。

宁夏规模牛场全混合日粮制作及质量评价规程

1 范围

本文件规定了宁夏规模奶牛场全混合日粮（TMR）制作及质量评价的术语和定义、TMR 搅拌机、牛群与 TMR 类型、饲料与营养需要、TMR 制作、TMR 质量评价和饲喂管理。

本文件适用于宁夏规模奶牛场 TMR 的制作及质量评价。

2 规范性引用文件

下列文件中的内容通过文中的规范性引用而构成本文件必不可少的条款。其中，注日期的引用文件，仅该日期对应的版本适用于本文件；不注日期的引用文件，其最新版本（包括所有的修改单）适用于本文件。

GB 13078　饲料卫生标准

NY/T 34　奶牛饲养标准

NY/T 2203　全混合日粮制备机质量　评价技术规范

NY/T 3049　奶牛全混合日粮生产技术规程

NY 5027　无公害食品　畜禽饮用水水质

中华人民共和国农业部公告第 1773 号　饲料原料国家

中华人民共和国农业部公告第 2038 号　饲料原料目录增补目录

中华人民共和国农业部公告第 2045 号　饲料添加剂品种目录

中华人民共和国农业部公告第 2625 号　饲料添加剂安全使用规范

3 术语和定义

下列术语和定义适用于本文件。

3.1 全混合日粮（Total mixed ration，TMR）

根据奶牛营养需要和饲料原料的营养价值，科学合理地设计日粮配方，选用的粗饲料、精饲料、矿物质、维生素和添加剂等饲料原料，按照一定比例通过专用的搅拌机械进行切割搅拌而制成的一种混合均匀 营养相对均衡的日粮。

（来源：NY/T 3049-2016，3.1）

3.2 干物质采食量（Dry matter intake，DMI）

奶牛在 24 h 内所采食各种饲料干物质的质量总和。

（来源：NY/T 3049-2016，3.2）

3.3 宾州筛（Pennsylvania sifter）

由 2 个不同孔径的筛子和底盘组成，用来评估 TMR 各组分比例的工具。

4 TMR 搅拌机

4.1 TMR 搅拌机的质量要求

按 NY/T 2203 规定执行。

4.2 TMR 搅拌机的类型及选择

TMR 搅拌机按照搅拌方式可分为牵引式、自走式、固定式 3 种。按搅拌轴方向可分为立式、卧式 2 种。应根据牛群规模、牛舍建筑、上料方式等选择适宜的 TMR 搅拌机型号。

4.3 TMR 搅拌机容积配置

奶牛饲养规模与 TMR 搅拌机容积的选择见表 1。

表 1 奶牛饲养规模与 TMR 搅拌机容积的选择

TMR 搅拌机容积（m^3）	每次搅拌饲喂头数（头）	适合奶牛场规模（头）
12	180~200	600~1 000
16	170~220	600~1 500
24	180~250	800~2 000
28	220~300	1 200~3 000
30	280~350	2 000~3 500
40	300~370	3 500~5 000

4.4 TMR 制作相关设备的维护

应按TMR 搅拌机的使用说明及实际情况进行维护。定期对搅拌机称重系统进行校正，定期检查和更换刀片、润滑汕。保养明细及标准见附录 A。

5 牛群与 TMR 类型

见表2。

表 2 牛群与 TMR 类型

牛群类别	定义	TMR 类型
育成牛	7~15 月龄母牛	后备牛 TMR
青年半	怀孕到产犊前的头胎牛	青年半 TMR
干奶牛	停止挤奶到分娩前 21 d 的奶牛	干奶牛 TMR
围产前期半	分娩前 21 d 到产犊的奶牛	围产牛 TMR
围产后期牛	分娩至产后 21 d 的奶牛	新产牛 TMR
泌乳前期牛	分娩后第 21 天至第 100 天的奶牛	高产牛 TMR
泌乳中期牛	分娩后第 101 天至第 200 天的奶牛	中产牛 TMR
泌乳后期牛	分娩后第 201 天至干奶的奶牛	低产牛 TMR

6 饲料与营养需求

6.1 饲料

饲料原料和饲料添加剂选取应符合中华人民共和国农业部公告第 1773 号、第 2038 号和第 2045 号规定，其质量应符合相应产品的标准。饲料添加剂产品的使用应严格按照中华人民共和国农业部公告第 2625 号规定。饲料原料卫生指标应符合 GB 13078 要求。

6.2 TMR 营养水平

奶牛营养需要应符合 NY/T 34 要求。TMR 营养水平见附录 B。

7 TMR 制作

7.1 原料使用

原料使用应遵循先进先出原则；禁止饲喂发霉变质饲料。

7.2 加料原则

应遵循先干后湿、先长后短、先粗后精、先轻后重的基本原则。

7.3 加料量与加料准确性

7.3.1 加料量

——占总容积的70%~85%为宜，最低装载量应不低于总容积的60%；
——添加剂最低添加量应达到搅拌罐中饲草料累计重量的2%以上。若不足2%，应提前与精料补充料混匀后再加入TMR搅拌机。
——泌乳牛TMR容载量=0.32 t/m^3 × 搅拌机容量（m^3）× 0.85。
——干奶牛、育成牛TMR容载量=0.16 t/m^3 × 搅拌机容量（m^3）× 0.85。

7.3.2 加料准确性

——粗饲料加料误差应控制在±20 kg以内或小于5%。
——精饲料加料误差应控制在±5 kg以内或小于2%。

7.4 铲车装料位置

铲车应垂直于搅拌罐且在搅拌罐正上方中间位置装料。

7.5 糖蜜和水的添加

喷淋管应位置居中，覆盖搅拌罐的2/3长度。水质应该符合NY 5027要求。

7.6 搅拌时间

边加料边搅拌，待全部加完原料后再搅拌3~5 min，具体以TMR评价为准。

8 TMR质量评价

8.1 感官评价

搅拌效果良好的TMR应精粗饲料混合均匀，松散不分离，色泽均匀，新鲜不发热，无异味，不结块。

8.2 水分

TMR的水分应控制在48%~52%。

8.3 粒度

用宾州筛评价和监控TMR的粒度，操作方法见附录C。

8.4 TMR混合均匀度评价

采用变异系数作为评价指标，操作方法见附录D。

8.5 TMR日粮化验检测

定期检测TMR的化学成分，每月至少检测1次，检测方法按NY/T 3049规定执行。将TMR配方理论值与加工后化验检测值进行对比，两者差异宜符合表3。

表3 TMR营养成分差异范围评价标准表

营养指标	干物质(DM)	粗蛋白(CP)	粗脂肪(EE)	中性洗涤纤维(NDF)	酸性洗涤纤维(ADF)	粗灰分(ASH)
差异范围	±2%	±1%	±0.5%	±3%	±2%	±0.5%

9 饲喂管理

9.1 投喂次数

每天应投喂2~3次。

9.2 投料要求

每班次投料顺序应与挤奶顺序一致，投料应准时、准确、均匀，投料误差控制在 60 kg 以内。

9.3 推料次数

每间隔 40~60 min 推料 1 次。

9.4 料槽管理

每 24 h 应至少清除 1 次剩料，24 h 剩料量新产牛 4%~6%，高产牛 2%~3%，低产牛 0%~2%，围产牛 0%~2%，后备牛≤1%。每月定期对料槽底部彻底清理 1 次。

附 录 A
（规范性）
TMR 搅拌机中心设备维护保养明细

A.1 TMR 搅拌机中心设备维护保养明细

见表 A.1。

表 A.1 TMR 搅拌机中心设备维护保养明细

系统	保养内容	周期
固定式 TMR 搅拌机	刀片磨损度	2 周
	电机减速机/搅龙减速机油位	1 周
	电机减速机/搅龙减速机更换齿轮油	1 000 h
	检查是否漏油	1 d
	传动轴加注锂基脂	1 周
	电机轴承加注锂基脂	3 月
	液压站更换液压油	1 年
	称重系统准确度	1 月
	配电柜清理灰尘	1 d
出料刮板机	出料轴两端轴承加注锂基脂	1 周
	出料链条张紧度	1 周
	电机减速机更换齿轮油	1 000 h
牵引式 TMR 搅拌机	刀片磨损度	2 周
	搅龙减速机油位	1 周
	搅龙减速机更换齿轮油	1 000 h
	检查是否漏油	1 周
	传动轴/出料链条轴承加注锂基脂	1 周
	车桥轴头加注锂基脂	6 月
	检查出料链条张紧度	1 月
	检查轮毂螺丝/胎压	2 周
	称重系统准确度	1 月
撒料系统	是否漏油和漏水	1 d
	发动机油	400 h
	前桥润滑油	1 年
	变速箱油	1 年
	液压油	1 年
	制动器用润滑油	1 年
	轮毂轴承润滑油	1 年
	绞龙轴承/出料皮带轴承	1 周
	防冻液	2 年

续表

系统	保养内容	周期
撒料系统	柴油滤芯	400 h
	空气滤芯	400 h
	内柴油滤芯	400 h
	液压油回油滤芯	1年
进料系统	传动链条定期清洁并刷适量 30# 机械油	1周
	轴承添加润滑油	3月
	减速机更换齿轮油	6月
	冬季气温在 0℃以下时，减速机更换防冻齿轮油	6月
	混合机传动链条张紧、气动控制元件的检修、定期清除出料控制机构部分的积尘	2月
	混合机门封老化须及时更换	2年
	提升机提升带跑偏应及时纠偏，避免畚斗与机筒碰擦	1月
	提升机更换畚斗及紧固件、更换提升带、头轮传动轴（磨损情况）	2年
	螺旋输送机固定支架地脚螺丝张紧、卫生清理	1月
	刮板输送机固定支架地脚螺丝张紧、卫生清理，检查刮板链条张紧和磨损、刮板是否损伤	1月
	控制系统维护、精度校准、操作人员培训等	6月
	大保养：轴承清洗换油、清除机内残存垃圾、传动链条清洁张紧、提升带纠偏、更换齿轮油等	1年
	机头轴承钙基润滑脂 GB491-652C-3	3月
	机尾轴承钙基润滑脂 GB491-652C-3	3月
	拉紧螺杆	3月
	传动链条机油 HJ-30	1周
除尘系统	皮带张紧度	3月
	更换机油	1年
	检查漏气	1 d
	检查布袋	1月
	检查漏灰口上部是否有灰尘	1 d

附　录　B
（规范性）
TMR 营养水平

B.1　各类牛群 TMR 营养水平

见表 B.1。

表 B.1　各类牛群 TMR 营养水平

营养水平	干奶牛	围产牛	高产牛	中产牛	低产牛	后备牛
干物质采食量 DMI（kg/头）	13~14	12.5~13.5	23.6~25	22~23	19~21	8~10
泌乳净能 NEL（Mcal/kg）	1.3~1.4	1.4~1.5	1.7~1.85	1.6~1.7	1.5~1.6	1.3~1.4
脂肪 Fat（%）	1.8~2.3	2~2.5	5~7	4~6	3~4	1.5~2.5
粗蛋白 CP（%）	13~14	14~15	16.5~18	16~17	15~16	13~14
非降解蛋白 RUP（%CP）	20~25	25~30	38~40	35~38	35~38	25~30
降解蛋白 RDP（%CP）	75~80	70~75	60~62	62~65	62~65	68
酸性洗涤纤维 ADF（%）	30~35	25~30	16~18	18~20	20~22	30~35
中性洗涤纤维 NDF（%）	40~45	40~45	28~35	30~36	32~38	40~45
粗饲料提供的 NDF（%）	35~40	30~35	19	19	19	35~42
可消化总养分 TDN（%）	60	65	77	75	67	60
钙 Ca（%）	0.6	0~1.05	0.9~1	0.8~0.9	0.7~0.8	0.41
磷 P（%）	0.26	0.45	0.46~0.5	0.42~0.5	0.42~0.5	0.28
镁 Mg（%）	0.16	0.45	0.45	0.45	0.45	0.11
钾 K（%）	0.65	1~1.5	1~1.5	1~1.5	1~1.5	0.48
钠 Na（%）	0.1	0.15	0.3	0.2	0.2	0.08
氯 Cl（%）	0.2	1.08	0.25	0.25	0.25	0.11
硫 S（%）	0.16	0.38	0.25	0.25	0.25	0.2
维生素 A（IU/kg）	10 000	10 000	10 000	5 000	5 000	4 500
维生素 D（IU/kg）	3 000	3 000	3 000	2 000	2 000	1 200
维生素 E（IU/kg）	100	100	60	40	40	32

注：
1. 本表引用标准为 NRC 奶牛营养需要（2001），实际应用时应以本地饲料条件、牛群的生产水平和气候环境做出合适的调整。
2. 表中营养浓度均以干物质为基础。
3. 干奶牛营养水平为干奶到产前 21 d 的营养水平。
4. 后备牛营养水平根据 14 月龄营养需要，如果牛群较大，建议将后备牛群分群细化，有利于后备牛群的生长发育和饲料成本的控制。
5. 表中的纤维含量为维持瘤胃健康的最低纤维需要量。
6. 夏季日粮钾的含量应提高，减少热应激。

附 录 C
（规范性）
宾州筛取样及检测方法

C.1 取样

将待检测牛舍料槽均分为10个等分位置，料槽投料后立刻在相应位置取样450~500 g。样品大于500 g时，可采用四分法进行缩样处理，直至样品重量达到450~500 g。

C.2 宾州筛检测方法

C.2.1 将筛子叠落在一起，大孔筛在最上边，无孔托盘在最下面，置于平整地面。
C.2.2 将样品倒入顶筛，并摊平样品；水平摇动宾州筛，每1.1 s摇动1次，每次摇动路径约17 cm。在一个方向上水平摇动宾州筛5次，之后旋转90°，再摇动5次，重复此过程，旋转7次，共计40次；在操作过程中应避免垂直方向的上下颠簸。
C.2.3 将宾州筛各层饲料分别称重，计算每层饲料重量占饲料总重量的百分比。

C.3 粒度要求

C.3.1 宾州筛上层与中层之和占比应大于45%。
C.3.2 不同牛群TMR粒度要求见表C.1。

表C.1 不同牛群的TMR粒度要求

粒度标准	育成/青年TMR	干奶TMR	围产TMR
上层孔径（19 mm）	15%~25%	15%~25%	10%~18%
中层孔径（8 mm）	40%~50%	40%~50%	40%~50%
底盘	30%~45%	30%~45%	30%~45%

附 录 D
（规范性）
TMR 混合均匀度评价

D.1 取样

将待检测牛舍料槽均分为 10 个等分位置，料槽投料后立刻在每个对应位置取样 450~500 g。样品大于 500 g 时，可采用四分法进行缩样处理，直至样品重量达到 450~500 g。

D.2 TMR 样品检测

按照宾州筛检测方法将每个样品进行宾州筛检测，并记录数据。检测方法见附件 C。

D.3 以变异系数计算

变异系数的计算见公式（1）：

$$CV=\frac{S}{\bar{X}}\times 100\% \qquad \text{公式（1）}$$

式中，*CV* 为变异系数，%；*s* 为标准偏差；$\bar{X}$ 为算数平均值。

D.4 变异系数推荐值

见表 D.1。

表 D.1 变异系数推荐值

变异系数标准	泌乳 TMR	围产 TMR	干奶 TMR
上层（19 mm）	≤18%	≤8%	≤8%
中层（8 mm）	≤3.5%	≤3.5%	≤3.5%
底层	≤4%	≤4%	≤4%

ICS 65.020
CCS A0311

T/NAASS

宁 夏 回 族 自 治 区 农 学 会 团 体 标 准

T/NAASS 017—2022

宁夏规模奶牛场高水分玉米湿贮技术规程

Regulations for High moisture corn silage production
in Ningxia Large-scale Dairy Farm

2022-11-12 发布 2022-12-16 实施

宁夏回族自治区农学会 发 布

前　言

本文件按照 GB/T 1.1—2020《标准化工作导则　第 1 部分：标准化文件的结构和起草规则》的规定起草。

本文件的某些内容可能涉及专利，本文件的发布机构不承担识别专利的责任。

本文件由宁夏回族自治区科技厅提出。

本文件由宁夏回族自治区农学会归口。

本文件起草单位：宁夏回族自治区畜牧工作站、宁夏龙海诚农牧机械制造有限公司、宁夏农垦乳业股份有限公司、灵武市幸福牛牧业有限公司、宁夏大学农学院、宁夏回族自治区农业环境保护监测站。

本文件主要起草人：张宇、温万、张凌青、刘统高、苏海鸣、刘建岐、李世忠、谭学军、王学龙、王毓、脱征军、张建勇、肖爱萍、晁雅琳、张伟新、李相宁、温超、厉龙、田佳、李东宁、王倩、朱继红、艾琦、周佳敏、刘超、马晓霞、赵洁、樊东、刘华、陈思思、郑小彭、张柏信、马蛟龙。

宁夏规模奶牛场高水分玉米湿贮技术规程

1 范围

本文件规定了宁夏规模奶牛场高水分玉米湿贮的术语和定义、技术要求、品质评价、测定方法。

本文件适用于宁夏规模奶牛场、高水分玉米湿贮加工企业。

2 规范性引用文件

下列文件中的内容通过文中的规范性引用而构成本文件必不可少的条款。其中，注日期的引用文件，仅该日期对应的版本适用于本文件；不注日期的引用文件，其最新版本（包括所有的修改单）适用于本文件。

GB 10468 水果和蔬菜产品 pH 值的测定方法

GB/T 20195 动物饲料 试样的制备

GB/T 22141 混合型饲料添加剂酸化剂通用要求

GB/T 22142 饲料添加剂 有机酸通用要求

NY/T 1444 微生物饲料添加技术通则

NY/T 2129 饲草产品抽样技术规程

BB/T 0024 运输包装用拉伸缠绕膜

中华人民共和国农业部公告第 318 号

3 术语和定义

下列术语和定义适用于本文件。

3.1 高水分玉米湿贮饲料（High moisture corn silage）

玉米籽粒或玉米果穗，收获直接调制后，在密闭条件下通过乳酸菌的发酵作用形成的饲草产品，也称湿贮玉米。湿贮种类分全果穗湿贮（苞叶+玉米芯+籽粒）、果穗湿贮（玉米芯+籽粒）、玉米籽粒湿贮。湿贮方式分窖贮和拉伸膜裹包贮存。

3.2 籽粒破碎率（Grain broken rate）

破碎的玉米籽粒占收获时玉米籽粒的比例。

（来源：T/CAAA 05-2018）

4 技术要求

4.1 收获期

玉米籽粒湿贮，在玉米籽粒乳熟后期和蜡熟期前期玉米籽粒出现黑层后进行收获，籽粒水分 27%~32%，最佳为 30%~32%。全果穗和果穗湿贮，在籽粒乳熟后期和蜡熟期前期籽粒含水量 30%~35% 时收获。

4.2 机械选择

籽粒收获选用籽粒玉米直收机械，玉米果穗收获选择穗收机械或配摘穗割台的青贮机，专用带压扁粉碎机械，拉伸膜裹包固定式裹包机。

4.3 收获运输

籽粒湿贮收获后运输到加工地点进行粉碎加工，收获运输到加工要求一般不超过 4 h，果穗湿贮收获后运输到加工地点进行粉碎加工，收获运输到加工要求一般不超过 48 h，运输途中原料不卸货转运。

4.4 原料破碎

4.4.1 籽粒破碎率95%以上，粉碎粒度一般通过4.75 mm筛>50%，通过1.18 mm筛>25%，0.06 mm筛下层<20%。

4.4.2 全果穗和果穗湿贮，玉米芯和苞叶粉碎细度≤1 cm。

4.5 窖贮

4.5.1 压实

压窖玉米湿贮含水量不低于27%，压实密度为800~900 kg/m^3。从下至上，层层压实，每层厚度维持在15~20 cm。压窖机械选用轮式机械，压实高度高出窖的上口30~50 cm，中间高两边低。

4.5.2 密封

选用专用高强度密封膜材料，质量应符合BB/T 0024规定。膜的宽度应是窖宽度的1.2倍。高湿玉米装窖完毕后，窖的边缘应用半个轮胎或泥土压住，使整个湿贮料在封闭环境下保存。

4.6 拉伸裹包膜贮存

4.6.1 裹包规格

裹包一般为圆柱形，高度1.2 m，上下表面直径1.15 m，压实密度为800~900 kg/m^3。

4.6.2 膜的要求

膜质量应符合BB/T 0024规定，外膜厚度0.016~0.020 mm，膜宽度75~80 cm，裹膜层数7~9层。内膜厚度0.025 mm、宽度120 cm，内膜4~5层。

4.7 添加剂

可选用乳酸菌添加剂，在粉碎过程中加入，乳酸菌使用应符合GB/T 22142、GB/T 22141和HY/T 1444要求。添加剂须符合中华人民共和国农业部公告第318号的有关规定。

4.8 取料与饲喂

发酵时间不应低于45 d，最佳在56 d以上，取料时应从上向下垂直取用，尽量保持截面整洁。裹包取料从顶部拆开。pH值稳定在4.0~4.3后即可饲喂，取料后宜采用全混合日粮方式饲喂，取量以2 d内喂完为宜。

5 品质评价

5.1 感官要求

颜色保持贮前的色泽，呈黄色，气味酸香，无黏性、不结块、无干硬。

5.2 发酵控制指标

表1 高水分湿贮玉米发酵控制指标表

指标名称	指标范围
pH值	4.0~4.3
氨态氮（CP%）	≤15
乳酸（%）	2~4
丁酸（%）	<0.05

注：乳酸、丁酸以占干物质的量表示。

6 测定方法

6.1 取样方法

高水分玉米湿贮饲料分析样品的取样，按照 NY/T 2129 规定执行。

6.2 试样制备

高水分玉米湿贮饲料化学指标分析样品制备，按照 GB/T 20195 规定执行。发酵品质指标分析样品的制备，分取湿贮饲料试样 20 g，加入 180 mL 蒸馏水，搅拌 1 min，用粗纱布和滤纸过滤，得到试样浸提液。

6.3 pH 值

将制备的高水分玉米湿贮饲料试样浸提液，参照 GB 10468 规定执行。

6.4 氨态氮含量

按附录 A 规定执行。

6.5 有机酸含量

乳酸、丁酸含量按附录 B 规定执行。

附 录 A
（资料性附录）

氨态氮含量的测定

A.1 试剂

A.1.1 亚硝基铁氰化钠（$Na_2[Fe(CN)_5 \cdot NO] 2H_2O$）

A.1.2 结晶苯酚（C_6H_5O）

A.1.3 氢氧化钠（NaOH）

A.1.4 磷酸氢二钠（$Na_2HPO_6 \cdot 7H_2O$）

A.1.5 次氯酸钠（NaClO）：含活性氯 8.5%

A.1.6 硫酸铵［$(NH_4)_2SO_4$］

A.1.7 苯酚试剂

将 0.15 g 亚硝基铁氰化钠溶解在 1.5 L 蒸馏水中，再加入 29.7 g 结晶苯酚，定容到 3 L 后贮存在棕色玻璃试剂瓶中，低温保存。

A.1.8 次氯酸钠试剂

将 15 g 氢氧化钠溶解在 2 L 蒸馏水中，再加入 113.6 g 磷酸氢二钠，中火加热并不断搅拌至完全溶解。冷却后加入 44.1 mL 含 8.5%活性氯的次氯酸钠溶液并混匀，定容到 3 L，贮藏于棕色试剂瓶中，低温保存。

A.1.9 标准铵贮备液

称取0.660 7 g 经 100℃烘干 24 h 的硫酸铵溶于蒸馏水中，定容至 100 mL，配制成 100 mmol/L 的标准铵贮备液。

A.2 仪器与设备

A.2.1 分光光度计：630 nm，1 cm 玻璃比色皿

A.2.2 水浴锅

A.2.3 移液器：50 μL

A.2.4 移液管：2 mL，5 mL

A.2.5 玻璃器皿：试管，所需器皿用稀盐酸浸泡，依次用自来水、蒸馏水洗净

A.3 测定步骤

A.3.1 标准曲线的建立

取标准铵贮备液稀释配制成 1.0、2.0、3.0、4.0、5.0 mmol/L 5 种不同浓度梯度的标准液。向每支试管中加入 50 μL 标准液，空白为 50 μL 蒸馏水；向每支试管中加入 2.5 mL 的苯酚试剂，摇匀；再向每支试管中加入 2 mL 次氯酸钠试剂，混匀；将混合液在 95℃水浴中加热显色反应 5 min；冷却后，630 nm 波长下比色。

以吸光度和标准液浓度为坐标轴建立标准曲线。

A.3.2 样品的检测

向每支试管中加入 50 μL 正文中所述制备湿贮浸出液，按检测步骤测定样本液的吸光度。

A.3.3　**水分测定**

按 GB/T 6435 规定执行。

A.3.4　**总氮的检测**

按 GB/T 6432 规定执行。

A.3.5　**结果计算**

氨态氮的含量按公式（1）进行计算。

$$X=\frac{P \times D\ (180+20 \times M/100) \times 14}{20 \times N \times 10^{2}} \qquad \text{公式（1）}$$

式中，X 为氨态氮含量，单位占总氮的质量百分比（%总氮）。P 为样液的浓度，单位毫摩尔每升（mmol/L）。D 为样液的总稀释倍数。M 为样品的水分含量，单位百分比（%）。N 为试样的总氮含量，单位占鲜样的质量百分比（%鲜样）。

附 录 B
（资料性）
液相色谱法测定湿贮饲料有机酸含量

B.1 试剂和材料

乳酸、乙酸、丙酸、丁酸标准品，超纯水，色谱纯高氯酸。

B.2 仪器

高效液相色谱仪配备紫外检测器和工作站。

B.3 测定程序

B.3.1 色谱条件

Shodex KC-811 色谱柱，3 mmol/L 高氯酸为流动相，流速 1 mL/min，SPD 检测器波长 210 nm，柱温 50℃，进样量 20 μL。

B.3.2 色谱测定

采用外标法，用乳酸、乙酸、丙酸、丁酸标准液制作标准工作曲线。根据试样浸提液中被测物含量情况，选定浓度相近的标准工作曲线，对标准工作溶液与试样浸提液等体积参插进样测定，标准工作溶液和试样浸提液乳酸、乙酸、丙酸、丁酸的响应值均应在仪器检测的线性范围内。按照色谱条件分析标准品，乳酸、乙酸、丙酸、丁酸的保留时间分别约为 8.1 min、9.6 min、11.2 min、13.8 min，标准品的液相色谱图见图 1。

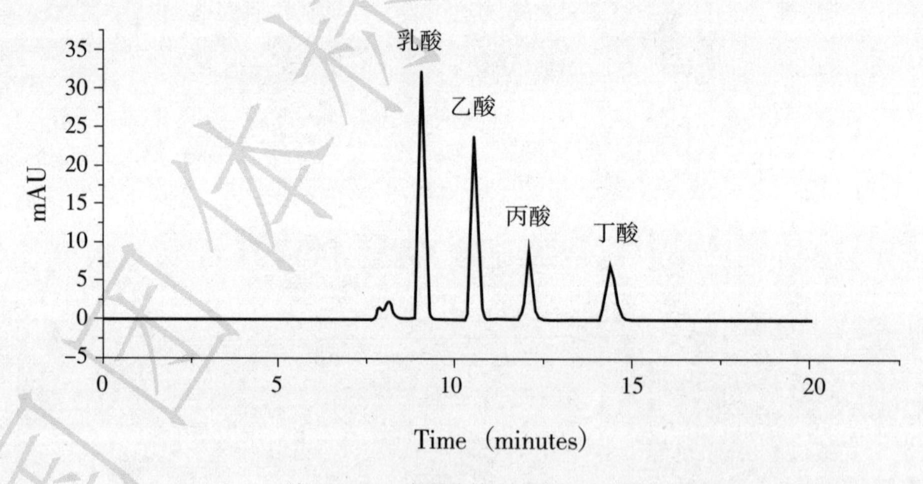

注：mAU，毫吸光度；minutes，分钟

图 A.1 乳酸、乙酸、丙酸、丁酸混合标准品的液相色谱图

B.3.3 样液

将制备的高水分玉米湿贮饲料试样浸提液，通过 0.22 μm 微孔滤膜过滤后，采用高效液相色谱法测定乳酸、乙酸、丙酸和丁酸含量。

B.3.4 结果计算

用色谱工作站计算试样浸提液被测物的含量，计算中扣除空白值。再通过换算浸提液乙酸、丙酸、丁酸、乳酸、制备过程中对应的样品量，获得乳酸、乙酸、丙酸、丁酸在样品中的比例。

ICS 65.020.30
CCS A0311

T/NAASS

宁夏回族自治区农学会团体标准

T/NAASS 018—2022

宁夏规模奶牛场全株玉米青贮制作规程

Regulations for whole plant corn silage production of
in Ningxia Large-scale Dairy Farm

2022-11-12 发布　　2022-12-16 实施

宁夏回族自治区农学会　发　布

前　言

本文件按照 GB/T 1.1—2020《标准化工作导则　第 1 部分：标准化文件的结构和起草规则》的规定起草。

本文件的某些内容可能涉及专利，本文件的发布机构不承担识别专利的责任。

本文件由宁夏回族自治区科技厅提出。

本文件由宁夏回族自治区农学会归口。

本文件起草单位：宁夏回族自治区畜牧工作站。

本文件主要起草人：张凌青、张宇、晁雅琳、张建勇、脱征军、肖爱萍、杨建、朱继红、刘统高、张伟新、苏海鸣、伏兵哲、兰剑、赵洁、李相宁、厉龙、王毓、田佳、艾琦、周佳敏、刘超、周军、田博文。

宁夏规模奶牛场全株玉米青贮制作规程

1 范围

本文件规定了宁夏规模奶牛场全株玉米青贮制作的术语与定义、收割与运输、填装与压实、添加剂选择、封窖、品质评价及测定方法的技术要点。

本文件适用于宁夏规模奶牛场全株玉米青贮的制作和品质评价。

2 规范性引用文件

下列文件中的内容通过文中的规范性引用而构成本文件必不可少的条款。其中，注日期的引用文件，仅该日期对应的版本适用于本文件；不注日期的引用文件，其最新版本（包括所有的修改单）适用于本文件。

GB/T 6435　饲料中水分的测定

GB 10468　水果和蔬菜产品 pH 值的测定方法

GB/T 20194　动物饲料中淀粉含量的测定　旋光法

GB/T 22141　混合型饲料添加剂酸化剂通用要求

GB/T 22142　饲料添加剂　有机酸通用要求

NY/T 1444　微生物饲料添加技术通则

NY/T 2129　饲草产品抽样技术规程

NY/T 1459　饲料中酸性洗涤纤维的测定

中华人民共和国农业部公告第318 号

3 术语和定义

下列术语和定义适用于本文件。

3.1 全株玉米青贮（Whole plant corn silage）

带穗玉米植株，收获调制后，在密闭条件下通过乳酸菌的发酵作用形成的饲草产品。

（来源：T/CAAA 005-218）

3.2 青贮添加剂（Silage additives）

用于改善青贮饲料发酵品质，减少养分损失的添加剂。

（来源：NY/T 2696-2015）

3.3 籽粒破碎率（Grain broken rate）

破碎的玉米籽粒占收获时玉米籽粒的比例。

（来源：T/CAAA 005-218）

4 收割与运输

4.1 收割

选择适宜的收割机械，在天气晴朗时收割，收割时期为玉米籽粒 1/2~2/3 乳线处，干物质含量 32%~36%时收割。

4.2 刈割高度

全株玉米留茬高度≥15 cm。

4.3 切割

4.3.1　全株玉米青贮最佳切割长度 1~2 cm。

4.3.2　玉米籽粒破碎度应在 90%以上。

4.4 运输

运料车辆从田间到达牧场所需时间应控制在 4~8 h。

4.5 青贮设施准备

制作青贮前 1 d 对青贮窖或堆贮场进行清扫、消毒，青贮窖壁铺设墙体膜，墙体膜接缝处重叠覆盖在 1 m 以上，在地面留出>50 cm 包裹窖底。

4.6 装填与压实

4.6.1 压窖设备与压窖方式

压窖设备使用重型轮式设备或链轨车，压窖机速度不高于 5 km/h，窖壁两边须用小型四轮拖拉机压实。采用坡面压实方式，坡面最佳角度为 30°仰角。

4.6.2 装填与压实密度

装填时要迅速、均一，与压实作业交替进行。由内到外呈楔形分段装填，每装填 1 次，压实 1 次，每层装填厚度应在 15 cm 以内，压实密度应在 800 kg/m^3 以上。

5 添加剂选择

青贮添加剂的使用符合 GB/T 22141、GB/T 22142、NY/T 1444 规定。添加剂须符合中华人民共和国农业部公告第 318 号的有关规定。

6 封窖

6.1 装窖

青贮装满高出窖边沿 50~60 cm 即可封窖，窖顶压实采用弧线压实技术，中间高于两侧呈鱼脊形，以便于封窖后顶部排水。能 48 h 完成封窖的，采用平铺式装窖。装窖时间超过 48 h 的，根据每日青贮装窖量，按天分段封窖。

6.2 覆盖青贮膜

窖壁膜使用0.08~0.1 mmPE 透明膜（透氧率<500）或隔氧膜（透氧率<50）铺设，延伸至窖底地面至少 50 cm，上层使用 0.12 mmPEP 黑白膜覆盖整个青贮窖，黑面朝里，白面朝外。

窖顶压实后，墙膜与顶膜、顶膜与顶膜接头处重叠 1.5~2.0 m，并使用胶带黏合。用轮胎密压，轮胎密度应>1 个/m^2，两侧窖边可用沙袋进行压实。

6.3 贮后管理

定期检查青贮设施密封性，发现漏气透气等情况及时做出修补措施；定期检查排水是否通畅，确保青贮渗透液或积水正常流出青贮设施，做好突发恶劣天气的应急预案。

7 品质评价

7.1 感官要求

7.1.1 颜色接近原料本色或呈黄绿色，无黑褐色，无霉斑。
7.1.2 气味为轻微醇香酸味，无刺激、腐臭等异味。
7.1.3 茎叶结构清晰，质地疏松，无黏性、不结块、无干硬。

7.2 物理指标

7.2.1 青贮切割整齐，无拉丝。
7.2.2 玉米籽实破碎度≥90%。

7.2.3 宾州筛检测上层筛占 10%~25%、中层筛 60%~75%、下层筛 10%~30%。

7.3 质量与等级

全株玉米青贮饲料营养指标与分级应符合表 1 规定。

表 1 全株玉米青贮饲料的营养指标及质量分级

分级	等级				
	特优级	优级	标准级	常规级	普通级
干物质（%）	≥32，<38	≥32	≥30	≥28	≥28
淀粉（%）	≥35	≥32	≥30	≥28	≥25
酸性洗涤纤维（%）	<25	≥25，<27	≥27，<30	≥30，<32	≥32，<35
中性洗涤纤维（%）	≤40	>40，≤45	>45，≤50	>50，<55	≥55
NDF30h 消化率（%）	≥60	≥55，<60	≥50，<55	≥45，<50	<45
pH 值	≥3. 3，<4. 2				
氨态氮（CP%）	<12		≥12，<15	≥15，<20	≥20，<25
乳酸（%）	≥6.0			≥4.0，<6.0	
丁酸（%）	<0. 05				

注：1. 中性洗涤纤维、酸性洗涤纤维、淀粉、乳酸、丁酸以占干物质的量表示。

全株玉米青贮饲料评价指标与分级应符合表 1 规定。

7.3.1 判定

7.3.1.1 全株玉米青贮综合质量等级以达感官指标和物理指标要求为基准，同时评定营养指标与发酵指标。

7.3.1.2 某一项指标所在的最低等级即为综合质量分级的等级。

8 测定方法

8.1 取样方法

全株玉米青贮饲料分析样品的取样，按照 NY/T 2129 规定执行。

8.2 干物质含量

按照 GB/T 6435 规定执行。

8.3 淀粉含量

按照 GB/T 20194 规定执行。

8.4 酸性洗涤纤维含量

按照 NY/T 1459 规定执行。

8.5 中性洗涤纤维含量

按照 GB/T 20806 规定执行。

8.6 pH 值

将制备的全株玉米青贮饲料试样浸提液，参照 GB/T 10468 规定执行。

8.7 氨态氮含量

按附录 A 规定执行。

8.8 有机酸含量

按附录 B 规定执行。

8.9 感官评价

8.9.1 颜色，在明亮处，自然光下目测。
8.9.2 气味，在青贮自然条件下，用鼻嗅闻，检测气味。
8.9.3 质地，用手搓捻，目测和手感青贮组织的完整性和是否发生霉变。

附　录　A
（资料性附录）
氨态氮含量的测定

A.1　试剂

A.1.1　亚硝基铁氰化钠（Na_2［Fe（CN）$_5$·NO］$2H_2O$）

A.1.2　结晶苯酚（C_6H_5O）

A.1.3　氢氧化钠（NaOH）

A.1.4　磷酸氢二钠（Na_2HPO_6·$7H_2O$）

A.1.5　次氯酸钠（NaClO）：含活性氯 8.5%

A.1.6　硫酸铵［$(NH_4)_2SO_4$］

A.1.7　苯酚试剂

将 0.15 g 亚硝基铁氰化钠溶解在 1.5 L 蒸馏水中，再加入 29.7 g 结晶苯酚，定容到 3 L 后贮存在棕色玻璃试剂瓶中，低温保存。

A.1.8　次氯酸钠试剂

将 15 g 氢氧化钠溶解在 2 L 蒸馏水中，再加入 113.6 g 磷酸氢二钠，中火加热并不断搅拌至完全溶解。冷却后加入 44.1 mL 含 8.5%活性氯的次氯酸钠溶液并混匀，定容到 3 L，贮藏于棕色试剂瓶中，低温保存。

A.1.9　标准铵贮备液

称取0.660 7 g 经 100℃烘干 24 h 的硫酸铵溶于蒸馏水中，定容至 100 mL，配制成 100 mmol/L 的标准铵贮备液。

A.2　仪器与设备

A.2.1　分光光度计：630 nm，1 cm 玻璃比色皿

A.2.2　水浴锅

A.2.3　移液器：50 μL

A.2.4　移液管：2 mL，5 mL

A.2.5　玻璃器皿：试管，所需器皿用稀盐酸浸泡，依次用自来水、蒸馏水洗净

A.3　测定步骤

A.3.1　标准曲线的建立

取标准铵贮备液稀释配制成 1.0、2.0、3.0、4.0、5.0 mmol/L 5 种不同浓度梯度的标准液。向每支试管中加入 50 μL 标准液，空白为 50 μL 蒸馏水；向每支试管中加入 2.5 mL 的苯酚试剂，摇匀；再向每支试管中加入 2 mL 次氯酸钠试剂，混匀；将混合液在 95℃水浴中加热显色反应 5 min；冷却后，630 nm 波长下比色。

以吸光度和标准液浓度为坐标轴建立标准曲线。

A.3.2　样品的检测

向每支试管中加入 50 μL 正文中所述制备湿贮浸出液，按检测步骤测定样本液的吸光度。

A.3.3 水分测定

按 GB/T 6435 规定执行。

A.3.4 总氮的检测

按 GB/T 6432 规定执行。

A.3.5 结果计算

氨态氮的含量按公式（1）进行计算。

$$X=\frac{P\times D\ (180+20\times M/100)\ \times 14}{20\times N\times 10^{2}} \qquad 公式（1）$$

式中，X 为氨态氮含量，单位占总氮的质量百分比（%总氮）。P 为样液的浓度，单位毫摩尔每升(mmol/L)。D 为样液的总稀释倍数。M 为样品的水分含量，单位百分比（%）。N 为试样的总氮含量，单位占鲜样的质量百分比（%鲜样）。

附　录　B
（资料性）

液相色谱法测定湿贮饲料有机酸含量

B.1　试剂和材料

乳酸、乙酸、丙酸、丁酸标准品，超纯水，色谱纯高氯酸。

B.2　仪器

高效液相色谱仪配备紫外检测器和工作站。

B.3　测定程序

B.3.1　色谱条件

Shodex KC-811 色谱柱，3 mmol/L 高氯酸为流动相，流速 1 mL/min，SPD 检测器波长 210 nm，柱温 50℃，进样量 20 μL。

B.3.2　色谱测定

采用外标法，用乳酸、乙酸、丙酸、丁酸标准液制作标准工作曲线。根据试样浸提液中被测物含量情况，选定浓度相近的标准工作曲线，对标准工作溶液与试样浸提液等体积参插进样测定，标准工作溶液和试样浸提液乳酸、乙酸、丙酸、丁酸的响应值均应在仪器检测的线性范围内。按照色谱条件分析标准品，乳酸、乙酸、丙酸、丁酸的保留时间分别约为 8.1 min、9.6 min、11.2 min、13.8 min，标准品的液相色谱图见图 1。

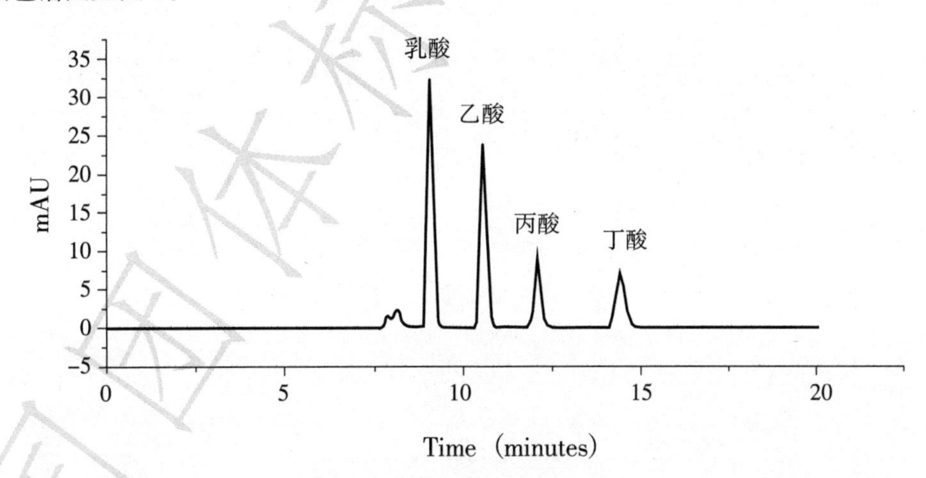

注：mAU，毫吸光度；minutes，分钟

图 A.1　乳酸、乙酸、丙酸、丁酸混合标准品的液相色谱图

B.3.3　样液

将制备的高水分玉米湿贮饲料试样浸提液，通过 0.22 μm 微孔滤膜过滤后，采用高效液相色谱法测定乳酸、乙酸、丙酸和丁酸含量。

B.3.4　结果计算

用色谱工作站计算试样浸提液被测物的含量，计算中扣除空白值。再通过换算浸提液乙酸、丙酸、丁酸、乳酸、制备过程中对应的样品量，获得乳酸、乙酸、丙酸、丁酸在样品中的比例。

ICS 65.020.30
CCS A0311

T/NAASS

宁夏回族自治区农学会团体标准

T/NAASS 019—2022

宁夏规模奶牛场拉伸膜裹包苜蓿半干青贮技术规程

Technical specification of baled alfalfa silage for large-scale dairy farms in Ningxia

2022-11-12 发布　　2022-12-16 实施

宁夏回族自治区农学会　发布

前　言

本文件按照 GB/T 1.1—2020《标准化工作导则　第 1 部分：标准化文件的结构和起草规则》的规定 起草。

专利免责声明：本文件的某些内容可能涉及专利，本文件的发布机构不承担识别专利的责任。

本文件由宁夏回族自治区科技厅提出。

本文件由宁夏回族自治区农学会归口。

本文件起草单位:宁夏回族自治区畜牧工作站，宁夏农垦茂盛草业科技有限公司，宁夏大学农学院。

本文件主要起草人：马晓霞、李艳艳、张宇、张凌青、李东宁、郎凤红、脱征军、肖爱萍、张建勇、晁雅琳、兰剑、伏兵哲、刘统高、苏海鸣、李晓娜、王毓、田佳、刘维华、厉龙、张伟新、周佳敏、艾琦、刘超、王玲、路婷婷、马苗苗、侯丽娥、徐寒、赵洁。

宁夏规模奶牛场拉伸膜裹包苜蓿半干青贮技术规程

1 范围

本文件规定了宁夏规模奶牛场苜蓿拉伸膜裹包青贮的术语和定义、收获技术、制作技术、机械设备、质量控制、检测方法。

本文件适用于宁夏规模奶牛场、饲草生产加工企业拉伸膜裹包苜蓿半干青贮的制作。

2 规范性引用文件

下列文件中的内容通过文中的规范性引用而构成本文件必不可少的条款。其中，注日期的引用文件，仅该日期对应的版本适用于本文件；不注日期的引用文件，其最新版本（包括所有的修改单）适用于本文件。

GB/T 6438　饲料中粗灰分的测定

GB/T 6435　饲料中水分的测定

GB/T 6432　饲料中粗蛋白测定

GB/T 20806　饲料中中性洗涤纤维的测定

GB/T 22141　混合型饲料添加剂酸化剂通用要求

GB/T 22142　饲料添加剂　有机酸通用要求

GB/T 30955　饲料中黄曲霉素 B_1、B_2、G_1、G_2 的测定

NY/T 1459　饲料中酸性洗涤纤维的测定

NY/T 1444　微生物饲料添加技术通则

NY/T 2129　饲草产品抽样技术规程

DB15/T 1455　苜蓿青贮饲料质量分级

T/CAAAA 003　苜蓿半干青贮分级标准

中华人民共和国农业部公告第 318 号

3 术语和定义

下列术语和定义适用于本文件。

3.1 半干青贮饲料（Haylage）

通过将饲草水分降低至 45%~55%，将饲料原料放置在密闭缺氧条件下贮藏，抑制各种有害微生物的繁殖形成的饲草产品。

（来源：T/CAAA 003-2018）

3.2 裹包青贮拉伸膜（Stretch wrap plastic film）

具有较高的拉伸性、黏附性、内吸性、抗刺穿、抗撕裂、抗老化、良好的气密性和遮光性的裹包草捆专用薄膜。

4 收获技术

4.1 收割时间

适宜的收割期内，查看天气预报，应保证 48 h 内无降雨，再开始刈割。

4.2 刈割

4.2.1 刈割次数

建植当年苜蓿可刈割 1~2 次，第 2 年后可刈割 2~4 次。

4.2.2 刈割期

现蕾期至初花期刈割，最后 1 次刈割应在 9 月 25 日（初霜期 40~45 d 前）前进行。

4.2.3 留茬高度

留茬高度 8~12 cm。

4.2.4 收获

使用具有压扁功能的割草机进行刈割，保证苜蓿茎秆的压扁效果。

4.2.5 晾晒

刈割后使用专用机械进行摊晒。

4.2.6 搂草

苜蓿晾晒至水分 45%~55%时，进行搂草作业，草条宽度应适宜后期捡拾作业。

5 制作技术

5.1 切碎

苜蓿原料切碎长度 2~3 cm，选用专用青贮收获机。

5.2 乳酸菌

选用同型乳酸菌，每吨添加乳酸菌活菌数量≥1×10^{11}，乳酸菌使用应符合 GB/T 22142、GB/T 22141 和 HY/T 1444 要求。

5.3 裹包

5.3.1 裹包规格

裹包为圆柱形，直径 1.15~1.2 m，高 1.2 m。

5.3.2 密度

裹包的密度应达到 600~800 kg/m^3。

5.3.3 膜的要求

外膜：拉伸膜厚度 0. 025 mm，膜宽度 75~80 cm，拉伸范围 55%~70%，裹膜层数 6~8 层。内膜（网）：用内膜 3~4 层。

5.4 存储

存放时要求地面平整，排水良好，没有杂物和其他尖利的东西，存放期间要定时检查有无皮损的地方并及时用胶带修补密封。堆垛一般为 1~2 层。做好防鼠措施。

6 机械设备

6.1 收获机械

6.1.1 割草机械

选用含压扁功能的割草机进行刈割，保证茎秆的压扁效果。

6.1.2 搂草机械

采用搂草机进行搂草作业。

6.1.3 翻草机械

根据需要选用适宜翻草机进行翻草。

6.2 捡拾、切碎机械

选用青贮收获机械作业（捡拾、切碎），设置切碎长度 2~3 cm。

6.3 加工机械

6.3.1 裹包机械

将切碎后的原料运至加工地点，用固定式裹包机进行裹包。

6.3.2 装卸机械

采用夹包机进行装卸，保证裹包接触部位光滑避免划伤。

7 质量控制

7.1 发酵要求

7.1.1 发酵要求

拉伸膜裹包苜蓿半干青贮原料干物质含量 45%~55%。

7.1.2 发酵时间要求

裹包完成后，至少 45 d 后方可开包饲喂。

7.2 技术要求

7.2.1 感官要求

颜色为亮黄绿色、黄绿色或黄褐色，无褐色和黑色。气味为酸香味或柔和酸味，无臭味、氨味和霉味。质地干净清爽，茎叶结构完整，柔软物质不易脱落，无黏性或干硬，无霉斑。

7.3 质量分级

苜蓿裹包青贮饲料的营养指标应符合 T/CAAAA 003 分级标准要求。

7.4 青贮添加剂

对使用的青贮添加剂做相应说明。标明添加剂的名称、数量等。添加剂须符合中华人民共和国农业部公告第 318 号规定。

8 检测方法

8.1 抽样

按 NY/T 2129 规定执行。

8.2 感官指标检测方法

8.2.1 颜色

在明亮的自然光条件下，肉眼目测。

8.2.2 气味

在青贮饲料常态下，贴近鼻尖嗅气味。

8.2.3 质地

用手指搓捻，感受青贮饲料的组织完整性以及是否发生霉变。

8.3 营养指标检测方法

8.3.1 pH 值

使用精密 pH 试纸或专用 pH 检测计进行测定。

8.3.2 干物质含量

按照 GB/T 6435 规定执行。

8.3.3 粗蛋白含量

按照 GB/T 6432 规定执行。

8.3.4 中性洗涤纤维含量

按照 GB/T 20806 规定执行。

8.3.5 酸性洗涤纤维含量

按照 NY/T 1459 规定执行。

8.3.6 粗灰分含量

按照 GB/T 6438 规定执行。

8.3.7 乙酸和丁酸含量

按照 DB15/T 1455 规定执行。

8.3.8 黄曲霉毒素含量

黄曲霉毒素 B_1、B_2、G_1、G_2 按照 GB/T 30955 规定执行。

ICS 65.120
CCS A0311

T/NAASS

宁 夏 回 族 自 治 区 农 学 会 团 体 标 准

T/NAASS 020—2022

宁夏规模奶牛场饲用燕麦青贮技术规程

Regulations for oat silage of Ningxia Large-scale Dairy Farm

2022-11-12 发布　　2022-12-16 实施

宁夏回族自治区农学会　　发 布

前　言

本文件按照 GB/T 1.1—2020《标准化工作导则　第 1 部分：标准化文件的结构和起草规则》的规定起草。

专利免责声明：本文件的某些内容可能涉及专利，本文件的发布机构不承担识别专利的责任。

本文件由宁夏回族自治区科技厅提出。

本文件由宁夏回族自治区农学会归口。

本文件起草单位：宁夏回族自治区畜牧工作站、维尔塔宁（银川）生物技术有限公司、宁夏大学、宁夏农林科学院。

本文件主要起草人：脱征军、肖爱萍、张凌青、张建勇、张宇、杨建、晁雅琳、解大为、徐寒、虎雪姣、兰剑、贾文娟、王占军、辛国省、李东宁、田博文、马晓霞、温万、田佳、王玲、许立华、孙立峰、刘维华、厉龙、岳彩娟。

宁夏规模奶牛场饲用燕麦青贮技术规程

1 范围

本文件规定了宁夏规模奶牛场饲用燕麦青贮的术语和定义、青贮形式、青贮制作、原料准备、贮后管理、质量要求、取用要求。

本标准适用于宁夏规模奶牛场饲用燕麦青贮，饲草加工企业、合作社可参照使用。

2 规范性引用文件

下列文件中的内容通过文中的规范性引用而构成本文件必不可少的条款。其中，注日期的引用文件，仅该日期对应的版本适用于本文件；不注日期的引用文件，其最新版本（包括所有的修改单）适用于本文件。

GB/T 22141 混合型饲料添加剂酸化剂通用要求
GB/T 22142 饲料添加剂 有机酸通用要求
BB/T 0024 运输包装用拉伸缠绕膜
NY/T 1904 饲草产品质量安全生产技术规范
NY/T 1444 微生物饲料添加剂技术通则
NY/T 2698 青贮设施建设技术规范 青贮窖

3 术语和定义

下列术语和定义适用于本文件。

3.1 燕麦青贮（Oat silage）

将适时机械化收获的燕麦装填至青贮设施中，在密闭厌氧的条件下，经过乳酸菌等有益微生物发酵，致酸度下降以抑制有害微生物的活性，从而保存营养并可贮存一定时间的粗饲料。

3.2 抽穗期（Heading stage）

燕麦穗部从旗叶叶鞘管中逐渐伸出的过程称为抽穗。一般穗子以抽出 1/3~1/2 的程度为抽穗标准。大田种植 50%以上植株抽穗时，称为抽穗期。

3.3 宾州筛（Penn state particle separator）

由美国宾夕法尼亚州立大学研究者发明，用于饲草料颗粒分级的筛，也叫草料分析筛。

4 青贮形式

4.1 窖式青贮

利用青贮窖进行青贮的方式。

4.2 裹包青贮

适时机械化收获，利用捆包机高密度打捆，并采用专业拉伸膜进行缠绕裹包的青贮方式。

5 原料准备

5.1 刈割前准备

选择专用收获机械，在晴朗无雨天刈割。

5.2 刈割时期

抽穗至开花期。

5.3 留茬高度

留茬高度≥10 cm，如遇倒伏、发霉变质等情况，不宜进行刈割。

5.4 翻晒

刈割后晾晒至含水量降至65%以下。

5.5 捡拾切碎处理

捡拾粉碎处理，切割长度3~5 cm，并喷洒青贮添加剂。

6 青贮制作

6.1 窖贮

6.1.1 设施要求

青贮窖建设应符合NY/T 2698要求。装窖前清扫并消毒，窖体内壁铺设塑料薄膜，两侧延伸出墙体的塑料薄膜长度应满足封窖要求。

6.1.2 装填压实

处理过的燕麦青贮原料应迅速由内向外呈楔形分层填装，每层填装厚度不得超过15 cm，采用大型机械压实，装填与压实作业交替进行，密度应达到650 kg/m³以上。装填过程中不得有其他异物带入，装填压实后宜高出墙体80~100 cm。

6.1.3 青贮添加剂

在卸料、推压及封窖前喷洒青贮添加剂，青贮添加剂应符合GB/T 22141、GB/T 22142和NY/T 1444规定，其用量与使用方法按照产品说明执行。

6.2 裹包青贮

6.2.1 设备与包材

青贮包材应符合BB/T 0024要求。

6.2.2 打捆包膜

用青贮设备进行裹包打捆，同时喷洒青贮添加剂，青贮添加剂同6.1.3。裹包压实密度达到650 kg/m³以上，缠绕6~8层，包膜层层重叠50%以上。每包平均重量在650~750 kg。

7 贮后管理

7.1 贮后定期检查，如发现破损漏气等应立即填补黏合。
7.2 裹包青贮应放置在地势干燥、通风、排水良好且周围无污染的地方，堆放高度不超过3层，做好防鼠防鸟等工作。

8 质量要求

8.1 评价标准

分别为感官、pH值、物理指标，见表1。

表 1 感官检测与评价标准

类别	项目	优等	合格	劣等
感官指标	颜色	绿色、青绿色或黄绿色，有光泽	黄褐色、墨绿色，光泽差	全暗色、黑色、黑褐色，无光泽
	气味	芳香酒酸味	香味淡或没有，具有微酸味	具有特殊的腐臭味或霉烂味
	质地	手感松软，稍湿润，茎叶花保持原样	柔软稍干或水分稍多，部分茎叶花保持原样	干燥松散或结成块状，发黏，腐烂，无结构
pH 值		≤4.3	4.4~5.0	≥5.0
物理指标		切割整齐，无拉丝；宾州筛检测上层筛≥65%，中层筛<35%		

8.2 检测方法

8.2.1 感官检测

8.2.1.1 颜色，在明亮处，自然光下目测。
8.2.1.2 气味，在自然条件下，用鼻嗅闻，检测青贮气味。
8.2.1.3 质地，用手搓捻，目测和手感青贮组织的完整性和是否发生霉变。

8.2.2 pH 值测定

使用精密 pH 试纸或专用 pH 检测计进行测定。

8.2.3 物理指标检测

切割整齐，无拉丝；宾州筛检测上层筛≥65%，中层筛<35%。

8.3 判定

以感官、pH 值和物理指标要求为基准，某一项指标所在的最低等级即为综合质量评价等级。

8.4 卫生、营养指标与发酵指标

卫生指标应符合 NY/T 1904 规定。营养指标应达到以下标准：干物质≥28%、中性洗涤纤维<50%、酸性洗涤纤维<40%、粗灰分<12%。发酵指标应达到以下标准：pH 值<5.0、乳酸>5.5%、乙酸<5.0%、丁酸<0.05%。

9 取用要求

开窖后及时清理霉变或不合格的青贮饲料，每次青贮截面的取用深度不低于 30 cm。

ICS 65.020.30
CCS A0311

T/NAASS

宁夏回族自治区农学会团体标准

T/NAASS 025—2022

宁夏规模奶牛场卫生消毒技术规程

Technical regulations for hygienic disinfection in Ningxia large–scaled dairy farms

2022 – 11 – 12 发布　　2022 – 12 – 16 实施

宁夏回族自治区农学会　　发 布

前　言

本文件按照 GB/T 1.1—2020《标准化工作导则　第 1 部分：标准化文件的结构和起草规则》的规定起草。

本文件由宁夏回族自治区科技厅提出。

本文件由宁夏回族自治区农学会归口。

本文件起草单位：宁夏大学、宁夏回族自治区动物疾病预防控制中心、宁夏回族自治区动物卫生监督所、宁夏回族自治区畜牧工作站、宁夏回族自治区兽药饲料监察所、宁夏农垦乳业股份有限公司、宁夏优源润泽牧业有限公司。

本文件主要起草人：赵洪喜、许立华、李继东、淡新刚、王桂琴、厉龙、周佳敏、余永涛、郭延生、龚振兴、杨玉东、田佳、朱继红、毛春春、张宇、脱征军、李知新、李永琴、温万、刘维华、周吉清、杜爱杰、张立强、虎雪姣、任宇佳、马苗苗、侯丽娥、路婷婷。

宁夏规模奶牛场卫生消毒技术规程

1 范围

本文件规定了宁夏规模奶牛场的卫生要求、消毒技术要求、消毒方法、消毒规定和消毒效果监测。

本文件适用于宁夏规模奶牛场卫生消毒。

2 规范性引用文件

下列文件中的内容通过文中的规范性引用而构成本文件必不可少的条款。其中，注日期的引用文件，仅该日期对应的版本适用于本文件；不注日期的引用文件，其最新版本（包括所有的修改单）适用于本文件。

GB 15981 消毒与灭菌效果的评价方法与标准

GB 16548 病害动物和病害动物产品生物安全处理规程

GB/T 16568 奶牛场卫生规范

GB/T 16569 畜禽产品消毒规范

GB/T 38504 喷雾消毒效果评价方法

NY 5027 无公害食品 畜禽饮用水水质

NY/T 5049 无公害食品 奶牛饲养管理准则

中华人民共和国卫生部 《消毒技术规范》

3 术语和定义

下列术语和定义适用于本文件。

3.1 消毒 (Disinfection)

清除或杀灭传播媒介上的病原微生物，使其达到无害化的处理。

3.2 消毒剂 (Disinfectant)

能杀灭传播媒介上的微生物并能达到消毒要求的制剂。

4 卫生要求

奶牛场卫生要求应符合 GB/T 16568 规定。

5 消毒技术要求

5.1 消毒剂选择

消毒剂应选择国家批准，对人、奶牛和环境没有危害，以及在牛体内不产生有害积累、没有残留毒性，对奶牛场设备没有破坏。可选用的消毒剂有酒精、过氧乙酸、戊二醛、二氯异氰尿酸钠、苯扎溴铵、漂白粉、氢氧化钠溶液、碘酊、过硫酸氢钾溶液和硫酸铜溶液。

5.2 消毒剂配制

按使用说明配制消毒剂，配制消毒剂的水温应与舍内温度一致，水质应符合 NY 5027 要求；消毒剂宜交替使用，现用现配；常见消毒剂的种类、使用浓度、使用方法和消毒对象见附录 A。

5.3 人员防护

所有进入养牛场人员，均应穿戴工作服或防护服、口罩、护目镜、橡胶手套和穿胶靴。在牛场进出口，可采用喷雾和紫外线消毒对人员进行全身消毒；在养牛场内，可利用浸液消毒或擦拭消毒对相关人员手部消毒。

6　消毒方式

6.1　喷雾消毒

利用喷雾装置进行过氧乙酸、戊二醛和二氯异氰尿酸钠等消毒剂的喷雾消毒，该法可用于牛舍清洗完中后喷洒消毒、环境消毒、牛场道路和周边环境消毒。

6.2　浸液消毒

利用酒精、苯扎溴铵、过氧乙酸和二氯异氰尿酸钠等消毒剂，可用于手部、器械、工作服或胶靴的消毒。

6.3　紫外线消毒

在生产区入口处设紫外灯照射，对进出场区人员进行紫外线消毒。

6.4　喷撒消毒

在生产区入口、牛舍周围使用氢氧化钠溶液进行消毒；产床和牛床可用漂白粉、戊二醛和二氯异氰尿酸钠等消毒，以杀死环境中的细菌、病毒等病原微生物。

6.5　温热液体消毒

用40~46℃温水及 70~80℃热碱水清洗挤奶机器管道，除去管道内乳脂肪、乳蛋白质、矿物质等物质，以防止滋生病原微生物。

6.6　日光消毒

用太阳光对畜舍、运动场、用具等进行照射，可杀灭大多数病原微生物。

7　消毒方法

7.1　环境消毒

牛舍周围环境及运动场，每周用 2%氢氧化钠溶液进行 1 次消毒；牛场周围及场内污水池、排粪坑和下水道出口，每月用 5%~10%漂白粉消毒 1 次。在牛舍入口设消毒池，池内浸泡 2%氢氧化钠溶液，每 2 周更换 1 次。

7.2　人员消毒

工作人员进入生产区时，需更换工作服，在人员通道采用 0.5%过氧乙酸和紫外线消毒，手部利用75%酒精擦拭消毒，工作服不应穿出场外；外来参观者进入场区时应彻底消毒，更换场区工作服和 工作鞋，并遵守场内防疫制度。

7.3　车辆消毒

本场相关生产车辆进入生产区可用 2%氢氧化钠热溶液或 0.2%~0.5%过氧乙酸溶液喷洒消毒， 同时在大门口设置车辆消毒池，池内浸泡 2%氢氧化钠溶液。非本场车辆不得进入生产区。

7.4　牛舍和用具消毒

7.4.1　牛舍环境消毒

牛舍在每班牛只下槽后应彻底清除粪便、污水及污染垫草，保持通风、干燥、清洁。定期用高压水枪冲洗，并进行喷雾消毒，夏季每周用 3%戊二醛溶液或二氯异氰尿酸钠溶液对牛舍内地面及墙壁进行 1 次喷洒消毒。

7.4.2 产犊舍消毒

怀孕母牛在分娩前应在其所处地面铺设干净垫草，利用漂白粉或二氯异氰尿酸钠等消毒剂进行消毒；乳房及乳头利用0.1%苯扎溴铵或0.1%过氧乙酸擦洗消毒；犊牛出生后，脐带断端用5%碘酊消毒；犊牛专用奶桶每次使用时要用热水、0.1%苯扎溴铵或0.2%过氧乙酸消毒。但在实际消毒操作的过程中，应保证牛奶不被消毒液污染。

7.4.3 挤奶厅消毒

挤奶后用40℃左右的温水冲洗挤奶设备，直到水变得清澈为止。然后用pH值11.5的氢氧化钠溶液冲洗15 min。碱液温度在70~80℃，水温不低于40℃，接着用pH值3.5的酸性清洗剂清洗，清洗15 min，温度与碱洗温度相同，在每次酸碱清洗后都用温水冲洗5 min。

7.4.4 用具、饲槽消毒

定期对饲喂用具、料槽、饲料车和日常用具（如兽医用具、助产用具、配种用具和奶罐车）等进行消毒，消毒剂可使用0.1%苯扎溴铵、0.2%过氧乙酸或过硫酸氢钾溶液等消毒剂。

7.5 带牛环境消毒

带牛环境消毒可按NY/T 5049执行。使用时，应注意避免消毒剂污染牛奶。

7.6 牛体消毒

挤奶、助产、配种、注射治疗及任何对奶牛进行接触的操作，应先将牛有关部位，如乳房、乳头、阴道口和后躯等部位利用0.1%苯扎溴铵或0.1%过氧乙酸进行消毒擦拭；为防止奶牛蹄病发生，可在舍门口设置消毒池进行蹄浴，消毒池水深应盖过牛蹄部，消毒液常用4%硫酸铜溶液，消毒频率为每月1~2次。

7.7 紧急消毒

当牛群发生传染病时，应将发病牛只隔离，病牛停留的环境用2%~4%氢氧化钠溶液喷洒消毒，粪便中加入生石灰处理后用密闭编织袋清除；运送病死牛的工具应用2%氢氧化钠溶液或5%漂白粉冲洗消毒；病牛舍0.5%过氧乙酸喷雾空气消毒。对可疑污染畜禽病原微生物的畜产品按GB/T 16569和GB 16548规定进行消毒。

8 消毒效果监测

消毒效果检验、监测总体按照《消毒技术规范》执行。

紫外线表面消毒效果监测按照GB 15981执行。

喷雾消毒效果评价可按GB/T 38504执行。

附 录 A
（规范性）
奶牛场常用消毒剂种类、使用浓度、使用方法和消毒对象

A.1 奶牛场常用消毒剂种类、使用浓度、使用方法和消毒对象

见表 A.1。

表 A.1 奶牛场常用消毒剂种类、使用浓度、使用方法和消毒对象

消毒剂种类（主要成分）	使用浓度	使用方法	消毒对象
苯扎溴铵	0.1%	喷洒、浸液消毒	牛体、饲喂用具、犊牛饲喂工具
氢氧化钠溶液	2%	喷洒消毒	牛舍周围环境、运动场、入口消毒池
漂白粉	5%	喷洒消毒	污水池、排粪坑和下水道出口
硫酸铜	4%	浸液消毒	蹄部
乙醇	75%	擦拭消毒	手臂
戊二醛	3%	喷雾消毒	牛舍环境
碘酊	5%	擦拭消毒	脐带
二氯异氰尿酸钠	0.1~1.0 mg/mL	喷洒、浸液和喷雾消毒	牛舍、畜栏和器具
过硫酸氢钾	0.1~0.3 mg/mL	喷雾消毒	环境和饲喂用具
酸性清洗剂（硫酸、硝酸）	0.5%~0.8%	喷洒消毒	挤奶设备、管道
过氧乙酸	0.1%	擦拭消毒	牛体
	0.2%	喷洒消毒	用具、饲槽
	0.5%	喷雾消毒	工作服

ICS 65.020.30
CCS A0311

T/NAASS

宁夏回族自治区农学会团体标准

T/NAASS 026—2022

宁夏规模奶牛场牛传染性鼻气管炎综合防控技术规程

Technical regulations for comprehensive prevention and control of infectious bovine rhinotracheitis in Ningxia large–scaled dairy farms

2022－11－12 发布　　2022－12－16 实施

宁夏回族自治区农学会　发布

前　言

本文件按照 GB/T 1.1—2020《标准化工作导则　第 1 部分：标准化文件的结构和起草规则》的规定起草。

本文件由宁夏回族自治区科技厅提出。

本文件由宁夏回族自治区农学会归口。

本文件起草单位：宁夏大学、宁夏回族自治区动物疾病预防控制中心、宁夏回族自治区动物卫生监督所、宁夏回族自治区畜牧工作站、宁夏回族自治区兽药饲料监察所、宁夏农垦乳业股份有限公司、中卫市动物疾控中心、吴忠市利通区疾控中心、石嘴山市农业综合执法支队、贺兰县动物疾控中心、灵武市畜牧水产技术推广服务中心、宁夏优源润泽牧业有限公司、宁夏昊恺农牧发展有限公司、宁夏优牧源农牧有限公司。

本文件主要起草人：许立华、王玲、李继东、赵洪喜、王桂琴、白丽娟、周海宁、李知新、陈东华、李鑫、伏耀明、冯兴明、李永琴、马小静、熊新雪、杨建国、厉龙、周佳敏、田佳、朱继红、毛春春、张宇、脱征军、温万、刘维华、虎雪姣、任宇佳、周吉清、杜爱杰、张立强、王瑞。

宁夏规模奶牛场牛传染性鼻气管炎综合防控技术规程

1 范围

本文件规定了宁夏规模奶牛场牛传染性鼻气管炎综合防控技术的术语定义、预防性消毒、诊断、免疫接种、生物安全防护和紧急措施。

本文件适用于宁夏规模奶牛场牛传染性鼻气管炎的综合防控。

2 规范性引用文件

下列文件中的内容通过文中的规范性引用而构成本文件必不可少的条款。其中，注日期的引用文件，仅该日期对应的版本适用于本文件；不注日期的引用文件，其最新版本（包括所有的修改单）适用于本文件。

NY/T 541 兽医诊断样品采集、保存与运输技术规范

NY/T 575 牛传染性鼻气管炎诊断技术

农业部农医发〔2017〕25 号 病死及病害动物无害化处理技术规范

3 术语和定义

下列术语和定义适用于本文件。

3.1 牛传染性鼻气管炎（Infectious bovine rhinotracheitis，IBR）

指由牛传染性鼻气管炎病毒（infectious bovine rhinotracheitis virus，IBRV）引发的牛的一种呈现多种临床表现的传染病。中国将其列入二类动物疫病。

3.2 免疫接种（Immunization）

是激发动物机体产生特异性抵抗力，使易感动物转化为不易感动物的一种手段。

4 预防性消毒

4.1 消毒时机

规模奶牛场应选用合适消毒剂，对圈舍、场地、用具和饮水等进行定期消毒，以达到预防牛传染性鼻气管炎的目的。

4.2 消毒剂选择

奶牛场推荐使用的消毒剂包括氢氧化钠、漂白粉、次氯酸钠、过氧乙酸等。

4.3 消毒剂使用

严格按消毒剂的使用说明配制消毒液，应现配现用。消毒药要定期更换，严禁酸碱消毒液混合使用。

4.4 消毒对象

包括运动场、产房、采食区、挤奶台、犊牛岛、饮水台等区域。

5 诊断

5.1 流行病学调查

应从传染源、传播途径、易感动物、流行过程的表现形式、发病率等环节，开展牛传染性鼻气管

炎流行病学调查。牛传染性鼻气管炎主要感染牛，各种年龄及不同品种的牛均能感染发病。病牛和带毒牛为本病的主要传染源，可随鼻、眼、阴道分泌物排出病毒。本病主要通过空气、飞沫、精液和接触传播，病毒也可通过胎盘侵入胎儿引起垂直传播。

5.2 现场诊断

5.2.1 呼吸道型　通常属于最常见的一种类型，病牛呼吸道黏膜水肿、充血、出血和溃疡。
5.2.2 脑炎型　在临床上以 6 月龄以内的犊牛较为多发，病牛表现为共济失调，如圆周运动、乱撞、痉挛、角弓反张等症状。
5.2.3 结膜炎型　可导致病牛出现单侧或两侧结膜炎，大量流泪，眼睑水肿，会引发角膜炎甚至角膜溃疡。
5.2.4 生殖道型　可导致患病牛生产性能下降、生长发育缓慢、繁殖力低下、流产、早产、产死胎等。

5.3 血清学诊断

对未接种过牛传染性鼻气管炎疫苗的奶牛养殖场，应采集新生犊牛、育成牛、青年牛及成年奶牛血清，采用牛传染性鼻气管炎抗体 ELISA 检测试剂盒进行检测，检出阳性牛即为牛传染性鼻气管炎病毒感染牛。因牛传染性鼻气管炎普遍存在隐性感染现象，可采取发病初期和康复期双份血清，分别测定其抗体，如康复期血清抗体较发病初期明显增高，提示为牛传染性鼻气管炎病毒感染。

5.4 包涵体检查

在发病的早期、中期，取病变部位的上皮组织（上呼吸道、眼结膜、角膜等组织），制备切片，检查上皮细胞内的嗜酸性核内包涵体。

5.5 分离鉴定病毒

按 NY/T 541 规定，采集发热期患牛鼻眼分泌物、流产胎儿的脏器组织、流产母牛生殖道分泌物等病料，经处理后接种 MDBK 细胞培养，进行病毒分离，采用中和试验及荧光抗体技术鉴定病毒。

5.6 分子生物学诊断

按 NY/T 541 规定采样，按 NY/T 575 规定的方法诊断。

6 预防接种

6.1 免疫程序

根据规模奶牛场及牛群实际情况，对不同生长阶段牛只实施牛传染性鼻气管炎疫苗预防接种。推荐免疫程序为 60 日龄首次免疫，90 日龄加强免疫；10~13 月龄间接种 1 次；干奶圈转围产圈时接种 1 次。

6.2 疫苗种类

疫苗主要包括牛传染性鼻气管炎疫苗、牛传染性鼻气管炎-牛病毒性腹泻/黏膜病二联苗。牧场可根据情况，从上述 2 种疫苗中选择1 种用于接种。

6.3 接种剂量及途径

参照疫苗使用说明。

6.4 疫苗保存及使用

要严格按照说明书规定的要求运输、保存、使用疫苗。

7 生物安全防护

7.1 自繁自养，防止传染源输入

坚持自繁自养的饲养及管理原则，不从疫区引进牛只。从非疫区引进牛只时须严格检疫，防止引

入牛传染性鼻气管炎病牛或带毒牛。

7.2 加强种畜及冻精检疫监管

对种畜、冻精进行牛传染性鼻气管炎定期检疫，确保冻精质量安全，切断因冻精造成的传播途径。

7.3 定期检测及监测

根据奶牛场和周边疫情，定期采样对牛传染性鼻气管炎进行检疫与监测。结合监测结果，及时调整免疫程序并制定防控措施，按 NY/T 575 规定执行。

8 紧急措施

8.1 隔离病牛

对确诊的病牛，及时隔离饲养。对首次出现本病的规模奶牛场，应及时淘汰牛传染性鼻气管炎病牛。

8.2 紧急接种

对首次出现本病的规模奶牛场，对健康及假定健康牛只采用牛传染性鼻气管炎疫苗或牛传染性鼻气管炎-牛病毒性腹泻/黏膜病二联苗进行计划外接种。

8.3 随时消毒

采用有效消毒剂，对圈舍、道路、器具及患病牛只可能污染过的其他区域、物品等进行严格消毒，切断传播途径。

8.4 无害化处理

牛传染性鼻气管炎可导致患牛死亡。病牛死亡后的尸体以及出现繁殖障碍的患牛排出的胎儿、胎盘、死胎及胎衣等，应当按照农业部农医发（2017）25 号有关规定做好病死动物、病害动物产品的无害化处理，或者委托动物和动物产品无害化处理机构处理。指定运载工具在装载前和卸载后应当及时清洗、消毒。

ICS 65.020.30
CCS A0311

T/NAASS

宁夏回族自治区农学会团体标准

T/NAASS 027—2022

宁夏规模奶牛场牛副结核病综合防控技术规程

Technical regulations for comprehensive prevention and control of bovine paratuberculosis in Ningxia large-scaled dairy farms

2022－11－12 发布　　2022－12－16 实施

宁夏回族自治区农学会　　发 布

前　言

本文件按照 GB/T 1.1—2020《标准化工作导则　第 1 部分：标准化文件的结构和起草规则》的规定起草。

本文件由宁夏回族自治区科技厅提出。

本文件由宁夏回族自治区农学会归口。

本文件起草单位：宁夏大学、宁夏回族自治区动物疾病预防控制中心、宁夏回族自治区动物卫生监督所、宁夏回族自治区畜牧工作站、宁夏回族自治区兽药饲料监察所、宁夏农垦乳业股份有限公司、中卫市动物疾控中心、吴忠市利通区疾控中心、石嘴山市农业综合执法支队、贺兰县动物疾控中心、灵武市畜牧水产技术推广服务中心、宁夏优源润泽牧业有限公司、宁夏昊恺农牧发展有限公司、宁夏优牧源农牧有限公司。

本文件主要起草人：许立华、王玲、李继东、赵洪喜、王桂琴、白丽娟、周海宁、李知新、陈东华、李鑫、伏耀明、冯兴明、李永琴、马小静、熊新雪、杨建国、厉龙、周佳敏、田佳、朱继红、毛春春、张宇、脱征军、温万、刘维华、虎雪姣、任宇佳、周吉清、杜爱杰、张立强、王瑞。

宁夏规模奶牛场牛副结核病综合防控技术规程

1 范围

本文件规定了宁夏规模奶牛场牛副结核病的术语定义、预防性消毒、综合诊断和防控措施。

本文件适用于宁夏规模奶牛场牛副结核病的综合防控。

2 规范性引用文件

下列文件中的内容通过文中的规范性引用而构成本文件必不可少的条款。其中，注日期的引用文件，仅该日期对应的版本适用于本文件；不注日期的引用文件，其最新版本（包括所有的修改单）适用于本文件。

GB/T 27637 副结核分枝杆菌实时荧光 PCR 检测方法

NY/T 539 副结核病诊断技术

NY/T 541 兽医诊断样品采集、保存与运输技术规范

SN/T 1084 牛副结核病检疫技术规范

农业部农医发〔2017〕25 号 病死及病害动物无害化处理技术规范

3 术语和定义

下列术语和定义适用于本文件。

3.1 牛副结核病（Bovine paratuberculosis；Johne’s disease）

指由副结核分枝杆菌引发的牛的一种表现为渐进性消瘦、持续性腹泻的慢性传染病。

3.2 副结核病传染源（Infectious source of paratuberculosis）

指副结核分枝杆菌在其中寄居、生长、繁殖，并能排出体外的活的动物机体。副结核病传染源包括病畜和副结核分枝杆菌携带者。

4 预防性消毒

4.1 消毒时机

对规模奶牛场圈舍、场地、用具等进行每周至少 1 次消毒，以达到预防牛副结核病的目的。

4.2 消毒剂的选择

由于副结核分枝杆菌对消毒剂的抵抗力较强，规模奶牛场应使用对本菌有效的消毒剂。推荐使用的消毒剂包括氢氧化钠、漂白粉、石碳酸、甲醛等。应严格按消毒剂的使用说明配制消毒液，做到现配现用，消毒药要定期更换，严禁酸碱消毒液混合使用。

4.3 消毒对象

消毒区域主要包括运动场、产房、采食区、挤奶台、生产区道路、犊牛岛、饮水台等。消毒器物包括刮粪板、推粪及运粪车辆、工作靴等。

5 综合诊断

5.1 现场诊断

牛副结核病主要表现为顽固性腹泻，排泄物稀薄、恶臭，带有气泡、黏液及血凝块；精神不振，饮食欲下降，喜躺卧；颌下及腹部有水肿；逐渐消瘦，抵抗力下降。有一定的病死率。根据顽固性腹泻及渐进性消瘦等临诊症状，可现场初步诊断为牛副结核病。

5.2 流行病学调查

应从传染源、传播途径、易感动物、流行过程的表现形式、发病率等环节开展牛副结核病流行病学调查。犊牛对牛副结核病最易感。病牛和隐性感染牛是主要传染源，可通过粪便排出大量病原菌，从而污染外界环境并可以存活很长时间。病原菌可污染饲草料及饮水后经消化道感染健康牛，经感染牛的乳汁、粪便及尿液排出体外。本病存在垂直传播的风险。

5.3 病理学诊断

外观可见尸体消瘦。消化道病变常限于空肠、回肠和结肠前段，尤其在回肠段，其浆膜和肠系膜都有显著水肿；肠黏膜形成大量皱襞，表面突起常呈充血状态，上附黏稠而污浊的黏液；肠系膜淋巴结肿大变软，切面湿润。

5.4 血清学诊断

采集牛血清通过副结核分枝杆菌抗体 ELISA 检测试剂盒对可疑牛只进行检测与检疫。检测对象包括犊牛、育成牛、青年牛及成年牛。检出的抗体阳性牛即为副结核分枝杆菌感染牛。

5.5 变态反应诊断

对于没有症状及症状不明显的牛只，可按照 NY/T 539 述及的方法，采用副结核菌素或禽型结核菌素 0.1 mL 经皮内接种于待检牛颈侧，72 h 后检查结果并检测皮肤皱褶，根据皮肤皱褶厚度差判定结果。

5.6 分子生物学诊断

对出现症状的可疑牛只，按 NY/T 541 规定采样，按 SN/T 1084 中 PCR 技术或 GB/T 27637 中实时荧光定量 PCR 技术进行检测与诊断。

6 防控措施

6.1 科学饲养

针对牛副结核病防治并无商品化疫苗及有效防治药物，必须坚持自繁自育、科学饲养原则，提高牛群抵抗力，防止牛副结核病传染源输入。

6.2 定期监测

根据规模奶牛场和牛群的实际情况，每月按照一定比例采集牛血清样品对牛副结核病进行持续监测。对出现牛副结核病抗体阳性及明显临诊症状牛只的规模奶牛场进行大群采样检测。

6.3 及时淘汰

结合检测及监测结果，对血清学检测检出的阳性牛只及同时表现出明显临诊症状的病牛应做好标识，及时淘汰。

6.4 随时消毒

在检出阳性牛或确诊病牛后，对其活动区域的场地、污染区进行随时消毒，对其粪便进行严格消毒消杀及无害化处理。

6.5 病死牛的无害化处理

牛副结核病可引发患牛死亡，并可导致人感染。按农业部农医发〔2017〕25 号相关规定，病牛死亡后的尸体应由指定车辆运往无害化处理厂进行处置。病死牛尸体禁止解剖，肌肉组织及内脏下杂禁止食用、销售。

ICS 65.020.30
CCS A0311

T/NAASS

宁 夏 回 族 自 治 区 农 学 会 团 体 标 准

T/NAASS 028—2022

宁夏规模奶牛场牛魏氏梭菌病防控技术规程

Technical regulations for prevention and control of bovine botulism in Ningxia large-scaled dairy farms

2022-11-12 发布

2022-12-16 实施

宁夏回族自治区农学会　　发 布

前　言

本文件按照 GB/T 1.1—2020《标准化工作导则　第 1 部分：标准化文件的结构和起草规则》的规定起草。

本文件由宁夏回族自治区科技厅提出。

本文件由宁夏回族自治区农学会归口。

本文件起草单位：宁夏大学、宁夏回族自治区动物疾病预防控制中心、宁夏回族自治区动物卫生监督所、宁夏回族自治区畜牧工作站、宁夏回族自治区兽药饲料监察所、宁夏农垦乳业股份有限公司、中卫市动物疾控中心、吴忠市利通区疾控中心、石嘴山市农业综合执法支队、贺兰县动物疾控中心、灵武市畜牧水产技术推广服务中心、宁夏优源润泽牧业有限公司、宁夏昊恺农牧发展有限公司、宁夏优牧源农牧有限公司。

本文件主要起草人：许立华、王玲、李继东、赵洪喜、王桂琴、白丽娟、周海宁、李知新、陈东华、李鑫、伏耀明、冯兴明、李永琴、马小静、熊新雪、杨建国、厉龙、周佳敏、田佳、朱继红、毛春春、张宇、脱征军、温万、刘维华、虎雪姣、任宇佳、周吉清、杜爱杰、张立强、王瑞。

宁夏规模奶牛场牛魏氏梭菌病防控技术规程

1　范围

本文件规定了宁夏规模奶牛场牛魏氏梭菌病预防性消毒、综合诊断、预防接种与控制等技术要求。

本文件适用于宁夏规模奶牛场牛魏氏梭菌病的防控。

2　规范性引用文件

下列文件中的内容通过文中的规范性引用而构成本文件必不可少的条款。其中，注日期的引用文件，仅该日期对应的版本适用于本文件；不注日期的引用文件，其最新版本（包括所有的修改单）适用于本文件。

NY/T 541　兽医诊断样品采集、保存与运输技术规范

农业部农医发〔2017〕25 号　病死及病害动物无害化处理技术规范

3　术语和定义

下列术语和定义适用于本文件。

3.1　牛魏氏梭菌病（Bovine botulism）

指由不同血清型的魏氏梭菌引发牛的一种急性、致死性传染病。

4　预防性消毒

4.1　消毒时机

对规模奶牛场圈舍、场地、用具等进行每周至少消毒 1 次，以达到预防牛魏氏梭菌病的目的。

4.2　消毒剂的选择

严格按消毒剂的使用说明配制消毒液，宜现配现用，消毒药要定期更换，严禁酸碱消毒液混合使用。一般消毒剂均能杀死魏氏梭菌繁殖体，但其芽孢抵抗力很强，需使用高浓度高效消毒剂进行消毒，如 20%漂白粉、3%~5%氢氧化钠。

4.3　消毒对象

包括运动场、产房、采食区、挤奶台、生产区道路、犊牛岛、饮水台等区域。

5　综合诊断

5.1　现场诊断

病牛不表现出任何前驱症状，急性发病，病程短促。一些病牛可表现出急卧急起，伴有腹痛、食欲不振或者废绝，反刍明显减弱，甚至完全停止；四肢乏力，行走摇晃或者呈卧地状，肌肉震颤，耳鼻端发凉，呼吸困难，最终倒地而死亡。根据急性死亡、病程急促和前述其他症状，可以现场初步诊断为该病。

5.2　流行病学调查

本病的病原体为梭菌属的产气荚膜梭菌。该细菌在自然界分布极广，是土壤性病原微生物的一种，其所产生的外毒素对疾病的发生与发展起到关键作用。奶牛对魏氏梭菌具有易感性，常表现为散发性，有较高的病死率，对奶牛养殖产生较大损失。病牛是主要传染源，可从粪便排出大量病原菌，从而污

染外界环境并可以存活很长时间。本病主要经过水平方式进行传播，病原菌可污染饲草料及饮水后经消化道感染健康牛。气候、饲养环境突然发生改变，或者突然更换饲料等，都会诱发本病。

5.3 病理学诊断

病死牛尸体外观以及营养状况良好，部分病例口鼻腔出现泡沫，混有血沫，肛门外翻带有血沫；肝脏、脾脏发生肿大，质地变脆易碎，有时伴有局灶性坏死；心脏、肺脏、肾脏及肠道发生不同程度的出血性炎症反应；全身淋巴结发生程度不同的肿大，有些伴有出血。

5.4 细菌学诊断

按NY/T541 的规定采样，采用革兰氏染色镜检的方法，结合细菌学染色特性、细菌形态学等特点进行判断。在有条件的实验室，将所采集的主要脏器组织接种于肉肝汤，在厌氧条件下进行培养，再取培养物在绵羊鲜血琼脂平皿上接种培养，出现溶血环，然后挑取单个菌落用于纯培养，并进行染色镜检。纯培养物染色镜检可发现呈革兰氏阳性粗大杆菌，少数形成芽孢。

5.5 血清学诊断

采用毒素抗毒素中和试验方法，对可疑病例的样品处理后与已知的魏氏梭菌抗毒素混合后，将此混合物接种于健康小鼠，经过 24 h 以上的观察期。根据试验小鼠的健活或死亡情况记录结果，以此判断是否存在魏氏梭菌感染及由何种血清型魏氏梭菌引发感染。

5.6 分子生物学诊断

对出现症状的可疑牛只，可采集粪样、脏器组织等，采用分子生物学 PCR 技术或实时荧光定量 PCR 技术进行检测与诊断，还可鉴别出魏氏梭菌的血清型。

6 预防与控制

6.1 预防措施

6.1.1 科学饲喂

在保障良好的饲料原料品质的基础上，应科学制定日粮配方，保证日粮的全价性，提高奶牛抵抗力。避免持续饲喂富含蛋白、淀粉的日粮，减少奶牛魏氏梭菌病的诱发因素。

6.1.2 日常消毒

奶牛场做好平时的预防消毒工作，并在间隔 2~3 个月后更换消毒剂。

6.1.3 预防接种

结合奶牛魏氏梭菌病的发病特点及流行病学规律，规模奶牛场应于每年 3 月份及 9 月份实施牛梭菌病疫苗的免疫接种。接种途径及接种剂量等参照疫苗使用说明书。

6.2 控制措施

6.2.1 随时消毒

在规模奶牛场出现可疑病例或确诊病牛后，应对其停留过的场地、污染区域进行随时消毒，对其粪便及分泌物进行严格消毒处理。

6.2.2 紧急接种

对发生并确诊牛魏氏梭菌病的牧场，应对健康及假定健康牛只采用与引发本次魏氏梭菌病血清型一致的梭菌疫苗，进行计划外应急性接种。出现症状的牛只不予接种。

6.2.3 病死牛的无害化处理

奶牛魏氏梭菌病可引发患牛死亡。按照农业部农医发〔2017〕25号相关规定，病牛死亡后的尸体应由指定车辆运往无害化处理厂进行处置。病死牛尸体禁止解剖，肌肉组织及内脏下杂禁止食用、销售。

ICS 65.020.30
CCS A0311

T/NAASS

宁夏回族自治区农学会团体标准

T/NAASS 029—2022

宁夏规模奶牛场奶牛球虫病防治技术规程

Technical regulations for prevention and control of coccidiosis in large-scaled dairy farms in Ningxia

2022－11－12 发布　　2022－12－16 实施

宁夏回族自治区农学会　发 布

前　言

本文件按照 GB/T 1.1—2020《标准化工作导则　第 1 部分：标准化文件的结构和起草规则》的规定起草。

本文件由宁夏回族自治区科技厅提出。

本文件由宁夏回族自治区农学会归口。

本文件起草单位：宁夏大学、宁夏回族自治区动物疾病预防控制中心、宁夏回族自治区动物卫生监督所、宁夏回族自治区畜牧工作站、宁夏回族自治区兽药饲料监察所、宁夏农垦乳业股份有限公司、中卫市动物疾病预防控制中心、吴忠市利通区动物疾病预防控制中心、石嘴山市农业综合执法支队、贺兰县动物疾病预防控制中心、灵武市畜牧水产技术推广服务中心、宁夏优源润泽牧业有限公司。

本文件主要起草人：李继东、龚振兴、许立华、赵洪喜、冯兴明、陈东华、李鑫、厉龙、周佳敏、田佳、李永琴、白丽娟、周海宁、朱继红、毛春春、张宇、脱征军、虎雪姣、任宇佳、马小静、熊新雪、温万、刘维华、周吉清、杜爱杰、张立强。

宁夏规模奶牛场奶牛球虫病防治技术规程

1 范围

本文件规定了规模奶牛场奶牛球虫病防治技术的术语和定义、诊断、药物治疗及综合防控。

本文件适用于规模养殖场奶牛球虫病的综合防控。一般奶牛场参照执行。

2 规范性引用文件

下列文件中的内容通过文中的规范性引用而构成本文件必不可少的条款。其中，注日期的引用文件，仅该日期对应的版本适用于本文件；不注日期的引用文件，其最新版本（包括所有的修改单）适用于本文件。

GB/T 18647 动物球虫病诊断技术

DB64/ T1723 宁夏奶牛球虫病诊断和防治技术规范

3 术语和定义

下列术语和定义适用于本文件。

3.1 奶牛球虫病（Dairy cow coccidiosis）

由艾美耳属球虫寄生于奶牛消化道所引起的一种主要以出血性肠炎为特征的肠道寄生原虫病，引起 腹泻、营养不良、消瘦等。

3.2 OPG（Oocysts per gram）

每克粪便中的卵囊数量，用于计算球虫感染强度。

4 诊断

4.1 应从流行病学、临床症状和病理变化等方面进行综合判断，参照 DB64/T1723 执行。

4.2 临床上以血便、粪便恶臭带黏液，剖检以出血性肠炎和溃疡为特征，应进行粪便中卵囊检查，球虫卵囊数符合 GB/T 18647 规定即可确诊。

4.3 病原体检查

4.3.1 病原体

宁夏地区主要流行亚球型、牛、邱氏等艾美耳球虫（卵囊形态见附录 A）。

4.3.2 粪便中卵囊检查

按照 GB/T 18647 执行。

4.4 综合判断

4.4.1 流行特点

奶牛球虫病的潜伏期 2~3 周，有时达 1 个月。犊牛一般呈急性经过，病程通常为 10~15 d，感染严重时可在发病后 1~2 d 死亡。

同群感染是球虫病暴发的主要原因，感染源包括病死牛尸体、粪便，以及污染球虫卵囊的饲料、饮水和物品等。

各年龄段奶牛都易感，1 岁以内牛的感染率高，成年牛多系带虫者。在饲养方式改变、饲料变换、患其他疾病等情况时易诱发。

奶牛球虫病一年四季均可发生，但多发于温暖潮湿季节。

犊牛感染卵囊量超过 10 万时，会产生明显的临床症状；感染量超过 25 万时，可致犊牛死亡。

4.4.2 临床症状

发病初期，表现为精神沉郁，体温略高或正常，粪便稀，稍带血液。约 1 周后，体温可升至 40~41℃。反刍停止，排出带血有恶臭的稀粪，其中混有纤维性伪膜，后肢及尾部被粪便污染。发病后期，粪便呈黑色，几乎全为血液，部分病例因极度贫血和衰弱而发生死亡。

慢性病牛一般在发病后 3~5 d 逐渐好转，但下痢和贫血症状仍持续存在，病程可缠绵数月，也有因高度贫血和消瘦而出现死亡。

4.4.3 病理变化

因球虫病死亡的奶牛，可见尸体极度消瘦，可视黏膜苍白；肛门敞开、外翻，后肢和肛门周围为带血粪便污染；直肠黏膜肥厚，有出血性炎症变化，伴有直径约 4~15 mm 的溃疡，其表面覆有凝乳样薄膜；直肠内容物呈褐色，带恶臭，有纤维性薄膜和黏膜碎片；肠系膜淋巴结肿大。

5 药物治疗

球虫病药物治疗按照处方药物使用说明书执行。

妥曲珠利（Toltrazuril，5%混悬液，百球清）。

地克珠利（Diclazuril）。

氨丙啉（Amprolium）。

莫能霉素（Monensin）或盐霉素（Salinomycin）。

亦可使用磺胺喹噁啉（Sulfaquinoxaline）、磺胺甲嘧啶（Sulfamethazine）、磺胺二甲嘧啶（Sulfadimidine）等药物。

结合止泻、强心和补液等对症治疗。

6 综合防控

6.1 单独饲养的犊牛

6.1.1 犊牛进入圈舍前，圈舍应清洁消毒，并保持干燥空栏 3 个月以上，可采用火燎的方式对圈舍进行 1 次消毒，以彻底杀灭球虫卵囊；饲喂犊牛的器具应在高温灭菌处理后使用。

6.1.2 犊牛进入圈舍后，应保持圈舍清洁和干燥，定期清除粪便，清除的粪便集中进行无害化处理；饲喂犊牛的器具应定期清洗和高温消毒；可选用安全环保且对球虫卵囊具有一定杀灭效果的消毒剂定期喷洒圈舍。

6.1.3 加强犊牛的日常管理和营养水平，增强免疫力。

6.1.4 对犊牛球虫病防控，应以感染强度和粪便垫料中孢子化卵囊量为主要监测指标，当其感染强度或粪便垫料中孢子化卵囊量超过一定数值（OPG≥10 000）和出现典型临床症状时及时给予治疗。

6.1.5 患球虫病的病死牛尸体和粪便应进行无害化处理。

6.1.6 在春、夏交接时，给犊牛投服抗球虫药物以防止夏、秋 2 季的球虫病暴发。

6.2 混群犊牛

6.2.1 合理安排犊牛混群批次和饲养密度，尽量做到全进全出。

6.2.2 犊牛混群前，圈舍应清洁消毒，并保持干燥空栏 3 个月以上，可采用火燎的方式对圈舍进行 1 次消毒，以彻底杀灭球虫卵囊；饲喂犊牛的器具应在高温灭菌处理后使用。

6.2.3 犊牛混群后，应保持圈舍清洁和干燥，及时清除粪便和更换垫料，清除的粪便和垫料集中进行无害化处理；饲喂犊牛的器具应定期清洗和高温消毒；可选用安全环保且对球虫卵囊具有一定杀灭效果的消毒剂定期喷洒圈舍。

6.2.4 加强犊牛的日常管理和营养水平，增强免疫力；定期监测圈舍内粪便垫料中的球虫卵囊量，当其感染强度超过一定数值（OPG≥10 000）和出现典型临床症状时及时给予治疗。

6.2.5 患球虫病的犊牛应隔离治疗，病死牛尸体和粪便应进行无害化处理。

6.2.6 在春、夏交接季节，给犊牛投服抗球虫药物以防止夏、秋 2 季的球虫病暴发。

6.2.7 在夏、秋季，对犊牛群进行扩栏或转栏，可有效控制奶牛球虫病的发生。

6.3 育成牛和泌乳牛

6.3.1 合理安排牛群批次和饲养密度，尽量做到全进全出。
6.3.2 牛舍应清洁消毒，并保持干燥空栏 3 个月以上；饲喂的器具应在高温灭菌处理后使用。
6.3.3 应保持圈舍清洁和干燥，定期清除粪便和更换垫料，清除的粪便和垫料集中进行无害化处理；饲喂的器具应定期清洗和高温消毒；可选用安全环保且对球虫卵囊具有一定杀灭效果的消毒剂定期喷洒圈舍；保持挤奶通道和挤奶厅清洁和干燥，器具应定期清洗消毒。
6.3.4 加强日常管理和营养水平，增强免疫力；定期监测圈舍内粪便垫料中球虫卵囊量，当其感染强度超过一定数值（OPG≥10 000）和出现典型临床症状时及时给予治疗。
6.3.5 患球虫病的牛应隔离治疗，病死牛尸体和粪便应进行无害化处理。
6.3.6 在夏、秋季投服抗球虫药物予以预防；对牛群进行扩栏或转栏，可有效控制球虫病发生。
6.3.7 采用发酵床等饲养模式，可有效降低球虫感染率。

6.4 生产区人员管理

6.4.1 加强生产区人员管理，严格执行消毒等操作规程，减少或避免人员在不同圈舍间流动。
6.4.2 人员进圈舍前应做好个人防护，穿戴手套、鞋套等用品。
6.4.3 人员出圈舍后应及时更换手套、鞋套等用品。
6.4.4 接触过患球虫病病牛、粪便和器具等的人员，应及时更换防护用品并无害化处理，做好清洁消毒。

附 录 A
（资料性）
牛球虫卵囊形态

A.1 牛球虫卵囊形态

见图 A.1。

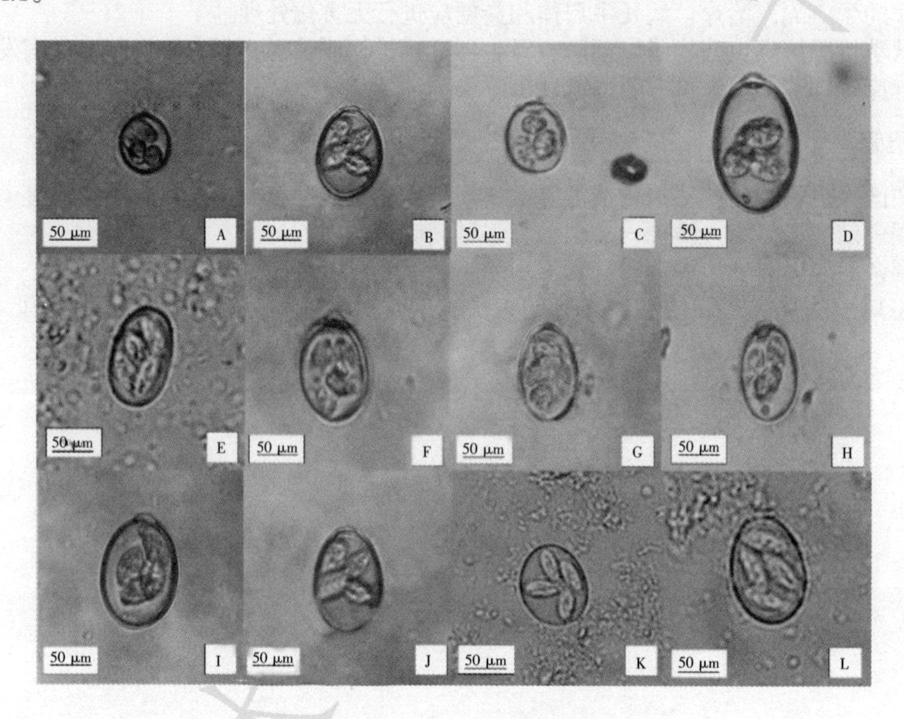

图 A.1 牛球虫卵囊形态

注：卵囊形态图来自宁夏地区奶牛球虫病流行病学调查。A. 亚球型艾美耳球虫，B. 牛艾美耳球虫，C. 邱氏艾美耳球虫，D. 皮利他艾美耳球虫，E. 柱状艾美耳球虫，F. 阿拉巴艾美耳球虫，G. 奥博艾美耳球虫，H. 巴西艾美耳球虫，I. 拔克朗艾美耳球虫，J. 加拿大艾美耳球虫，K. 椭圆艾美耳球虫，L. 怀俄明艾美耳球虫。

ICS 65.020.30
CCS A0311

T/NAASS

宁 夏 回 族 自 治 区 农 学 会 团 体 标 准

T/NAASS 030—2022

宁夏规模奶牛场奶牛产后酮病防治技术规程

Technical regulations of prevention and treatment for postpartum ketosis of dairy cows in Ningxia large–scaled farms

2022－11－12 发布　　2022－12－16 实施

宁夏回族自治区农学会　　发 布

前　言

本文件按照 GB/T 1.1—2020《标准化工作导则　第 1 部分：标准化文件的结构和起草规则》的规定起草。

本文件由宁夏回族自治区科学技术厅提出。

本文件由宁夏回族自治区农学会归口。

本文件起草单位：宁夏大学、宁夏回族自治区动物疾病预防控制中心、宁夏回族自治区动物卫生监督所、宁夏回族自治区畜牧工作站、宁夏回族自治区兽药饲料监察所、宁夏农垦乳业股份有限公司、中卫市动物疾病预防控制中心、吴忠市利通区动物疾病预防控制中心、石嘴山市农业综合执法支队、贺兰县动物疾病预防控制中心、灵武市畜牧水产技术推广服务中心、宁夏优源润泽牧业有限公司。

本文件主要起草人：余永涛、许立华、马云、张立强、刘永军、赵洪喜、郭延生、陈东华、李鑫、厉龙、周佳敏、田佳、李永琴、朱继红、毛春春、张宇、脱征军、虎雪姣、任宇佳、冯兴明、白丽娟、周海宁、马小静、熊新雪、温万、刘维华、周吉清、杜爱杰。

宁夏规模奶牛场奶牛产后酮病防治技术规程

1 范围

本文件规定了宁夏规模化奶牛场产后奶牛酮病防治技术的术语和定义、发病原因、诊断、治疗和预防的技术要求。

本文件适用于宁夏规模化奶牛场奶牛产后酮病的防控。

2 规范性引用文件

下列文件中的内容通过文中的规范性引用而构成本文件必不可少的条款。其中，注日期的引用文件，仅该日期对应的版本适用于本文件；不注日期的引用文件，其最新版本（包括所有的修改单）适用于本文件。

GB 13078 饲料卫生标准
GB/T 16568 奶牛场卫生规范
GB 19489 实验室 生物安全通用要求
NY/T 34 奶牛饲养标准
NY/T 3191 奶牛酮病诊断及群体风险监测技术
NY 5027 无公害食品 畜禽饮用水水质
NY/T 5030 无公害农产品 兽药使用准则
NY 5032 无公害食品 畜禽饲料与饲料添加剂使用准则
NY 5047 无公害食品 奶牛饲养兽医防疫准则
NY/T 5049 无公害食品 奶牛饲养管理准则

3 术语和定义

下列术语和定义适用于本文件。

3.1 奶牛酮病（Dairy cow ketosis）

奶牛产后因碳水化合物和挥发性脂肪酸代谢紊乱所引起的营养代谢性疾病，常发生于奶牛围产后期，高产奶牛多发。

3.2 临床型酮病 Clinical ketosis）

奶牛血浆中β-羟丁酸摩尔浓度超过 2.00 mmol/L，并呈现出临床症状的酮病称为临床型酮病。

3.3 亚临床型酮病（Subclinical ketosis）

奶牛血浆中β-羟丁酸摩尔浓度在 1.20~2.00 mmol/L，但未呈现出明显临床症状的酮病称为亚 临床型酮病。

3.4 酮体（Ketone）

脂肪酸在奶牛机体内氧化分解代谢的中间产物，主要包括β-羟丁酸（Beta hydroxybutyric acid，BHBA）、乙酰乙酸（Acetoacetic acid，ACAC）和丙酮（Acetone）。临床上以血液中β-羟丁酸的含量评价血酮水平。

4 发病原因

4.1 原发性酮病

饲喂能量水平低或蛋白含量高的日粮，导致泌乳奶牛因能量摄入不足而出现能量代谢负平衡和酮病。奶牛泌乳高峰时，从日粮中摄入的能量不能满足泌乳的需要而发生能量代谢负平衡和酮病。奶牛分娩前过度肥胖，导致肝脏糖异生作用减弱和产后体脂动员加强而发生酮病。

4.2 继发性酮病

围产期奶牛发生真胃变位、子宫炎、乳房炎、前胃迟缓、低钙血症、热应激、霉菌毒素中毒等均可引起奶牛产后干物质采食量下降，导致能量代谢紊乱，体脂动员加强和酮体生成增多。

4.3 食源性酮病

奶牛产后摄入丁酸盐含量过高的青贮，机体代谢易于产生酮体。日粮中钙、磷、钴、维生素 B_{12} 等营养元素缺乏，也可导致酮病的发生。

5 诊断

5.1 临床诊断

5.1.1 临床型酮病

根据临床症状可将临床型酮病分为消化型酮病和神经型酮病 2 种类型。

5.1.1.1 消化型酮病

消化型酮病牛主要表现为精神沉郁，食欲下降，不愿采食青贮饲料和精料，仅采食少量粗饲料；瘤胃蠕动减弱，便秘或腹泻，粪便附有黏液；体重下降，消瘦，被毛粗乱，产奶量下降；部分病牛呼出气体有烂苹果气味，病情严重的奶牛精神高度沉郁或昏迷，卧地不起。

5.1.1.2 神经型酮病

神经型酮病牛主要表现为兴奋不安、感觉过敏、吼叫、转圈运动、共济失调、频繁舔舐饲槽或围栏等神经症状。

5.1.2 亚临床型酮病

亚临床型酮病牛症状多不明显，表现为食欲和产奶量轻微降低，血酮浓度超标。

5.2 实验室诊断

5.2.1 血液样品的采集

于清晨饲喂前、未挤奶状态下，无菌采集奶牛尾根静脉、颈静脉或耳静脉血液样品于含有肝素或 EDTA 的真空采血管中，轻柔颠倒，使血液与抗凝剂充分混匀。血液样品采集应符合 GB 19489 规定。

5.2.2 主要设备和耗材

血酮检测需要的设备和耗材有手持式血酮检测仪、BHBA 检测试纸条、一次性兽用采血针、真空采血管等。

5.2.3 血酮检测

样品采集后，应立即检测。为获得准确结果，应在环境温度 15~30℃、相对湿度 10%~90%条件下测试。打开血酮检测仪电源，调整校正码与试纸条校正码一致。待仪器显示“插入”时，手持试纸条中部安全区，将黑色电极端插入仪器插口中。待仪器显示“进血”时，使血液充满试纸条反应区。仪器开始倒计时，待倒计时结束时显示并记录血酮测定值。

5.2.4 判定标准

根据血酮检测结果，并结合奶牛酮病的发病特点、临床症状等做出诊断。奶牛产后酮病的判定可按照表 1 进行。

表 1 奶牛产后酮病的判定标准

血酮检测结果（BHBA，mmol/L）	结果判定
<1.2	健康奶牛
>2.0	临床型酮病
1.2~2.0	亚临床型酮病

6 治疗

6.1 兽药使用要求

兽药使用应符合 NY/T 5030 规定。

6.2 临床型酮病治疗

6.2.1 消化型酮病治疗

对于病情严重的牛，可静脉注射 50%葡萄糖溶液 500~1 000 mL 或 25%葡萄糖溶液 1 000~2 000 mL，5%碳酸氢钠溶液 500~1 000 mL，静脉、肌肉或皮下注射复方布他磷注射液 10~25 mL，1 次/d，连用 3~5 d；静脉或肌肉注射地塞米松 5~20 mg，1 次/d，使用 1~2 次；经口灌服丙二醇或丙酸钠 300~500 g，1~2 次/d，连用 3~5 d。对于食欲下降但尚能采食的症状轻微病牛，宜灌服含丙二醇或丙酸钠、复合维生素、电解质和促瘤胃蠕动制剂的灌服包，1~2 次/d，连用 3~5 d。

6.2.2 神经型酮病治疗

对于兴奋不安、感觉过敏的神经型酮病牛，应用 6.2.1 所述药物外，还宜口服水合氯醛 30~40 g/ 头，1~2 次/d，连用3~5 d。

6.3 亚临床型酮病治疗

亚临床酮病奶牛宜灌服含有丙二醇或丙酸钠、维生素、电解质和促瘤胃蠕动制剂的灌服包，1~2 次/d，连用 3~5 d。

6.4 治疗效果评价

奶牛采食量恢复或接近正常水平，临床症状显著改善或消失，血酮水平显著下降，表明疗效显著。当血酮浓度低于 1.2 mmol/L 时，可停止治疗。

7 预防

7.1 饲养管理

奶牛饲养管理应按照 NY/T 5049 规定执行；日粮营养水平应符合 NY/T 34 规定；饲料卫生标准应符合 GB 13078 规定；饲料及饲料添加剂使用应按照 NY 5032 规定执行；饮水应按照 NY 5027 规定执行。

7.1.1 干奶期饲养管理

干奶期奶牛体况评分 3.0~3.25 分为宜，宜根据干奶牛体况评分进行分群饲养，避免分娩前体况 评分过高。

7.1.2 围产前期饲养管理

围产前期日粮能量和蛋白浓度宜介于干奶日粮和围产后期日粮之间，奶牛体况评分 3.0~3.25 分为宜；日粮中宜添加 6~12 g/(头·d) 烟酸、20~40 g/(头·d) 过瘤胃胆碱和 200~300 g/(头·d) 丙二醇。

7.1.3 围产后期饲养管理

围产后期日粮宜添加 6~12 g/(头·d) 烟酸、20~40 g/(头·d) 过瘤胃胆碱和 200~300 g/(头·d) 丙二醇。奶牛分娩后应灌服包含丙二醇或丙酸钠、复合维生素、电解质和促瘤胃蠕动制剂的灌服包。产后奶牛亚临床酮病监测应按照 NY/T 3191 规定执行，应在奶牛分娩后 3 d 和 14 d 各检测 1 次血酮，应对血酮浓度超过 1.2 mmol/L 的奶牛进行治疗。

7.2 卫生防疫

牛场环境卫生应符合 GB/T 16568 规定。日常兽医防疫应符合 NY 5047 规定。夏季应做好防暑降温工作，减轻热应激影响。

7.3 繁殖管理

应采取积极的繁殖措施，减少空怀天数，宜对空怀天数过长的奶牛在泌乳后期实施提前干奶。

ICS 65.020.30
CCS A0311

T/NAASS

宁夏回族自治区农学会团体标准

T/NAASS 031—2022

规模奶牛场机械挤奶消毒技术规程

Technical specification for mechanical milking disinfection of scale dairy farms

2022-11-13 发布　　2022-12-17 实施

宁夏回族自治区农学会　　发布

前　言

本文件按照 GB/T 1.1—2020《标准化工作导则　第 1 部分：标准化文件的结构和起草规则》的规定起草。

专利免责声明：本文件的某些内容可能涉及专利，本文件的发布机构不承担识别专利的责任。

本文件由宁夏回族自治区科技厅提出。

本文件由宁夏回族自治区农学会归口。

本文件起草单位：宁夏回族自治区兽药饲料监察所、宁夏回族自治区畜牧工作站、中国农业科学院北京畜牧兽医研究所、宁夏大学、宁夏农垦乳业股份有限公司渠口牧场。

本文件主要起草人：刘维华、张慧宁、孔祥明、赵娟、陈海燕、文亮、李松励、杨俊华、李昕、张作义、许立华、王玲、田佳、周佳敏、冯建军、温万、阎晓焕、王昭华、脱征军、张宇、厉龙、毛春春、朱继红、路婷婷、马苗苗、侯丽娥、王琨、张伟新、李委奇、虎雪姣、任宇佳。

规模奶牛场机械挤奶消毒技术规程

1 范围

本文件规定了宁夏规模奶牛场机械挤奶消毒技术的基本要求、消毒、挤奶操作、设备清洗及挤奶机的维修保养。

本文件适用于宁夏规模奶牛场机械挤奶消毒技术要求。

2 规范性引用文件

下列文件中的内容通过文中的规范性引用而构成本文件必不可少的条款。其中，注日期的引用文件，仅该日期对应的版本适用于本文件；不注日期的引用文件，其最新版本（包括所有的修改单）适用于本文件。

GB/T 8186 挤奶设备 结构与性能

GB 16568 奶牛场卫生规范

GB 18596 畜禽养殖业污染物排放标准

NY 5027 无公害食品禽饮用水水质

NY/T 5030 无公害农产品兽药使用准则

3 术语和定义

下列术语和定义适用于本文件。

3.1 生鲜乳（Raw milk）

从符合国家有关要求的健康奶牛乳房中挤出的无任何成分改变的常乳。产犊后 7 d 内所产的初乳以及应用抗生素期间的乳汁及变质乳不得用作生鲜乳。

3.2 消毒（Disinfect）

一种用较温和的理化因素，仅杀死物体表面或内部一部分对人体或动物有害的病原菌，而对被消毒的对象基本无害的措施。消毒范围包括奶厅消毒、设备清洗消毒、奶牛乳房的清洁擦拭、挤奶前后的乳头药浴消毒等。

3.3 乳头药浴（Teat dipping）

规模奶牛场机械挤奶前后对奶牛乳头进行消毒操作的过程。

3.4 消毒剂（Disinfectant）

用于迅速杀灭病原微生物的药物，如有机碘混合物（碘）、以磷酸、氢氧化钠等为主要成分的酸碱清洗剂、新洁尔灭、酒精等。

3.5 机械挤奶（Mechanical milking）

利用真空原理将牛奶从奶牛乳房中吸出，模仿犊牛吮奶的生理动作，由真空泵产生负压，真空调节阀控制挤奶系统的真空度，脉动器产生挤奶和休息节拍，空气通过集乳器小孔进入集乳器，以帮助把牛奶从集乳器输送到牛奶管道的过程。

3.6 集乳器（Milk claw piece）

收集 4 个奶杯挤下的牛奶的容器，每次挤奶前须检查集乳器上的小孔是否畅通。

3.7 奶衬（Milk lining）

挤奶器直接与牛乳房接触的部件，奶衬材质应符合国家食品卫生及相关产品标准要求，并按使用说明及时更换。

3.8 挤奶间隔（Milking interval）

挤奶间隔均等分配，每天 2~4 次，2 次挤奶间隔 12 h，3 次挤奶间隔 8 h，4 次挤奶间隔 6 h。

4 基本要求

4.1 消毒剂选择

消毒剂的选择应符合 NY 5030 要求。

4.2 药浴液选择

乳头药浴液的选择应符合 NY 5030 要求。应选择对乳头皮肤没有刺激性或刺激性小、能立即杀灭乳头上的细菌的药浴液体。

4.3 奶厅布设要求

4.3.1 奶厅应建在场区的上风处或中部侧面，距离牛舍 50~100 m，有专用的运输通道，不可与污道交叉。

4.3.2 待挤厅门口应建设浴蹄池或药浴通道，应与设备室、贮奶间、休息室、更衣室、化验室、办公室等功能区分开。

4.3.3 奶厅应选用防渗材料，墙壁有瓷砖墙裙，地面应干净、无积粪，挤奶区、贮奶间墙面与地面应进行防水防滑处理。

4.4 挤奶设备要求

4.4.1 挤奶设备应符合 GB/T 8186 相关要求。根据奶牛数量选用相适应生产能力的挤奶设备，机械性能要安全可靠。

4.4.2 挤奶机应进行定期检测与维护，并有相关记录。

4.4.3 贮奶罐应带制冷设备，保持封闭状态，其辅助设备应保持清洁。

4.4.4 挤奶、输奶等管状器具应清洁，无污垢。

4.4.5 挤奶系统的真空度应维持在 45~50 kPa，挤奶过程中真空度保持相对稳定。

5 消毒

5.1 人员消毒

5.1.1 在奶厅工作人员入口处设消毒池，池内有消毒液。

5.1.2 工作人员进入奶厅应穿工作服和工作靴，经消毒通道消毒，要洗净双手，修剪指甲，佩戴乳胶手套。

5.1.3 奶厅工作人员应符合 GB 16568 的有关规定。非工作人员禁止进入奶厅。

5.2 牛蹄消毒

奶牛进出奶厅时，应设浴蹄池或药浴通道对牛蹄进行药浴消毒。

5.3 奶厅消毒

5.3.1 奶厅周围环境保持清洁，厅内排污池和下水道每月消毒 1 次。

5.3.2 奶厅在每班次挤奶后应彻底清扫干净，用高压水枪冲洗，并进行喷雾消毒。

5.4 用具消毒

5.4.1 使用专用消毒剂每班次对奶桶、奶杯、奶泵、奶管、假乳头等器具进行彻底消毒，清洗。

5.4.2 贮奶罐应每天清空，清洗、消毒。

6 挤奶操作

6.1 挤奶顺序

固定挤奶顺序，按泌乳天数先挤新产牛，再挤高产牛，最后挤低产牛。

6.2 挤奶程序

6.2.1 乳房清洁

用40℃以下接近牛体温的温水将附着在奶牛乳头及其基底部的污垢洗净。

6.2.2 挤奶前乳头药浴

将乳头四周及其基底部完全浸入有效碘浓度为0.3%~0.5%的药浴液中，持续时间25~30 s；严防漏掉和消毒不到位。

6.2.3 验奶

查看乳房是否有红、肿、热、胀、痛等疾病现象并记录；将前3把奶挤到专门容器内，观察废弃奶有无奶清、奶块、奶黄、血乳等异常现象，如有异常停止对此头牛挤奶。

6.2.4 擦拭

用纸巾对乳头进行擦拭，先擦前面乳头，再擦后面乳头；每擦1个乳头要更换纸巾部位，不得重复擦拭防止交叉感染；每个乳头从上往下进行两把旋转擦拭，保证将乳头擦干、擦净；确保使用前和使用后的纸巾分开存放，不得混放。

6.2.5 上杯

首次刺激后90~120 s后，双手上杯，动作要高效迅速，禁止杯口触碰台面等未消毒部位；坏死的乳区禁止上杯，使用假乳头堵塞，避免漏气；假乳头要干净、卫生、用药浴液或消毒液浸泡，使用前用清水清洗。

6.2.6 巡杯

挤奶员随时进行巡杯，发现漏气、掉杯及时补救；掉杯后脏的奶杯要及时清洗，确保奶杯干净卫生后方可上杯；对于没有挤完奶的牛只不允许进行提前收杯；针对由于踢杯等因素提前掉杯，没有挤干净的奶牛要再进行补杯。

6.2.7 脱杯

当挤奶罩内生乳呈线状时，自动或手动关闭集乳器真空2~3 s后再移去奶杯。奶杯不要逐个脱离，应当同时脱离。

6.2.8 挤奶后乳头药浴

挤奶结束挤奶杯脱杯后，应立即用有效碘浓度为0.5%~0.75%的药浴液进行乳头药浴，持续时间3~5 s，必须将乳头完全浸在消毒液中，严禁漏消毒个别乳头。

7 设备清洗

7.1 预冲洗

每班次挤奶结束后，用40℃的清水冲洗管道，用水量以水变清为宜。用水符合NY 5027要求。

7.2 碱洗

预冲洗后改用专用的pH值为11.5~12.5、温度80℃以上的碱洗液循环清洗10~15 min。

7.3 酸洗

用pH值为2.5~3.5、温度40℃的酸洗液循环清洗10~15 min。

7.4 冲洗

在碱（酸）清洗后，用40℃温水冲洗5 min，再用凉水冲洗干净即可。清洗挤奶设备的污水处理，应符合GB 18596要求。

8 挤奶机的维修保养

8.1 每次挤奶前应检查真空泵的润滑油、真空压，挤奶内衬异常及时更换。

8.2 每周清洗 1 次真空过滤网及真空调节器滤网。

8.3 每半个月对真空稳压器、调节阀进行清洁、调整、检测。

8.4 每半年对挤奶机所有部件进行 1 次检查、保养。

8.5 每年更换 1 次奶管、脉动管。

ICS 65.020.30
CCS A0311

T/NAASS

宁 夏 回 族 自 治 区 农 学 会 团 体 标 准

T/NAASS 032—2022

规模奶牛场兽药饲料安全使用技术规程

Technical specification for safe use of veterinary drug feed in large scale dairy farm

2022－11－13 发布　　2022－12－17 实施

宁夏回族自治区农学会　　发　布

前　言

本文件按照 GB/T 1.1—2020《标准化工作导则　第 1 部分：标准化文件的结构和起草规则》的规定起草。

专利免责声明：本文件的某些内容可能涉及专利，本文件的发布机构不承担识别专利的责任。

本文件由宁夏回族自治区科技厅提出。

本文件由宁夏回族自治区农学会归口。

本文件起草单位：宁夏回族自治区兽药饲料监察所、宁夏回族自治区畜牧工作站、宁夏大学、中国 农业科学院北京畜牧兽研究所。

本文件主要起草人：杨俊华、刘维华、赵娟、孔祥明、陈娟、陈海燕、张慧宁、吴春燕、马岩、马静、张雯、崔生玲、马春芳、李永琴、马新海、许立华、温万、李松励、田佳、脱征军、张宇、厉龙、毛春春、朱继红、周佳敏、路婷婷、马苗苗、侯丽娥、王琨、张伟新、李委奇。

规模奶牛场兽药饲料安全使用技术规程

1 范围

本文件规定了宁夏规模奶牛场养殖环节兽药安全使用、饲料安全使用的技术要求。

本文件适用于宁夏规模奶牛场兽药饲料安全使用。

2 规范性引用文件

下列文件中的内容通过文中的规范性引用而构成本文件必不可少的条款。其中，注日期的引用文件，仅该日期对应的版本适用于本文件；不注日期的引用文件，其最新版本（包括所有的修改单）适用于本文件。

GB 2761 食品安全国家标准 食品中真菌毒素限量

GB 2762 食品安全国家标准 食品中污染物限量（含第1号修改单）

GB 13078 饲料卫生标准

GB 31650 食品安全国家标准 食品中兽药最大残留限量

NY/T 5030 无公害农产品兽药使用准则

DB64/T 1264 生鲜牛乳中抗生素残留监控技术规范标准

3 术语和定义

下列术语和定义适用于本文件。

3.1 饲料原料（Feedstuff）

以某种植物、动物、微生物和矿物质为来源，在养殖过程中，用于奶牛配合饲料工业化加工或者自配料成分组成，满足奶牛生长、繁殖、挤奶的营养需要，维持奶牛正常生产性能的经常性物质，但不属于添加剂的饲用物质。

3.2 饲料添加剂（Feed additive）

为满足奶牛生产性能或生长繁殖的特殊需要，在奶牛饲料加工、制作、使用过程中添加的少量或者微量物质。

3.3 兽药（Veterinary drugs）

用于诊断、治疗和预防奶牛疫病过程中，有目的地调节其生理机能并规定作用、用途、用法、用量的物质，包括血清、疫苗、诊断液等生物制品，兽用中药材、中成药、化学药品及其制剂。

3.4 兽用处方药（Veterinary prescription drugs）

为促进兽医临床合理用药、避免兽药使用风险、减少兽药滥用、保障动物产品安全，凭兽医处方方可购买和使用的兽药，如抗生素、镇静剂等划定为兽用处方药。

3.5 兽用非处方药（Veterinary over-the-counter drugs）

以营养调节为主或使用简单，或不会造成使用风险，由国务院兽医行政管理部门公布的、未标注“处方药”，自行遵照说明书规定的作用、用途、用法、用量使用的兽药。

3.6 疫苗（Vaccine）

应用天然或人工改造的微生物、寄生虫、生物毒素或生物组织及代谢产物为原材料，采用生物学、分子生物学或生物化学等相关技术制成的，其效价或安全性必须采用生物学方法检定的，用于奶牛传染病和其他有关疾病的预防、诊断和治疗的生物制剂，包括疫（菌）苗、毒素、类毒素、免疫血清、血液制品、抗原、抗体、微生态制剂等。

3.7 休药期（Drug withdrawal period）

奶牛保定、催情配种、疫病治疗等使用药物后，从停止给药到药物代谢消除，不产生残留或符合残留限量规定，许可奶牛混合挤奶或屠宰上市的间隔时段。

3.8 弃奶期（Abandonment period）

奶牛从停止给药到其牛奶不产生残留或符合残留限量规定的间隔时间，该时间段牛奶不允许混入大奶罐。

3.9 最高残留限量（Maximum residue limit）

是国际组织或者国家约定俗成，对某种物质残留（包括自身代谢物产物、环境引入产物、兽药饲料使用、人为添加物）在牛奶中允许残存，但其存在的数量有严格限制的最大量。

3.10 抗生素残留（Antibiotic residues）

奶牛疫病防治过程中，使用抗生素药物后体内蓄积或通过生鲜乳代谢，存留于肌肉或生鲜乳中尚未消除的药物原型或其代谢产物。

4 兽药安全使用

4.1 兽药使用

4.1.1 用于预防、治疗时使用的兽药必须来自具有兽药生产许可证和产品批准文号的生产企业，其质量均应符合相关的兽药国家标准。

4.1.2 兽药出入库、使用必须填写记录，按照附录 A 执行。

4.1.3 使用的疫苗等生物制剂应符合《中华人民共和国兽用生物制品质量标准》要求，并按规定运输、保管和使用。兽医按《中华人民共和国动物防疫法》的规定对奶牛进行免疫。

4.1.4 患病奶牛使用兽药必须经兽医诊断后用药。属处方药的，必须凭执业兽医师开具的处方使用《中华人民共和国农业部公告第 1997 号》规定的兽用处方药。处方笺应当保存 3 年以上。

4.1.5 严格按照农业部批准的兽药标签和说明书用药，包括给药途径、剂量、疗程、适应证、休药期等。

4.1.6 使用有休药期规定的兽药，严格执行弃奶期规定，遵守《中华人民共和国农业部公告第 278 号》中兽药国家标准和专业标准中部分品种的停药期规定执行。未规定休药期的品种，应遵守肉不少于 28 d、奶不少于 7 d 的规定。

4.1.7 禁止超出兽药产品说明书范围使用兽药；禁止使用农业农村部规定禁用、不得使用的药物品种；禁止使用人用药品；禁止使用过期或变质的兽药；禁止使用原料药。

4.1.8 禁止使用 NY 5030 中规定的禁用兽药，包括 β–兴奋剂类、性激素类、具有雌激素样作用的物质、氯霉素、氨苯砜、硝基呋喃类、硝基化合物、催眠镇静类、硝基咪唑类。

4.1.9 使用外用药时须注意避免污染生鲜乳。

4.2 兽药仓库管理

4.2.1 仓库专仓专用，专人专管，非相关人员不得进入。

4.2.2 仓库内不得堆放其他杂物；陈列药品的橱柜应清洁干燥，地面应保持清洁。

4.2.3 药品按用途及储存要求分类存放。

4.2.4 药品应确保在保质期内使用；过期药品需按规定由专人进行销毁。

4.3 兽药残留检测

4.3.1 奶站须配备兽药残留快速检测设备和试剂，每天进行生鲜乳兽药残留监控，并保存检测报告。

4.3.2 治疗期间病牛的乳汁必须单独留样，达到停药期后再进行监控，直至无兽药残留检出。

4.3.3 生鲜乳中兽药残留最高残留限量遵照 GB 31650 执行。

5 饲料安全使用

5.1 饲料使用

5.1.1 养殖场应使用合格饲料，索取质检报告，对新购进的饲料进行检测，按照附录 A 执行，验收合格后方能投入使用。

5.1.2 饲料必须有完整的记录，出入库、使用必须填写记录，按照附录 A 执行。

5.1.3 禁止在饲料和饮水中添加国家禁用的药物以及其他对动物和人体具有直接或者潜在危害的物质；不得使用《饲料原料目录》《饲料添加剂品种目录》以外的物质。

5.1.4 禁止使用制药工业副产品作饲料原料。

5.1.5 禁止在饲料中添加乳和乳制品以外的动物源性成分。

5.2 饲料管理

5.2.1 饲料贮存环境要通风良好，保持干燥，防火、防雨、防潮、防霉变、防鼠害、防虫害。

5.2.2 饲料要分类分等、堆放整齐、标识鲜明、坚持先进先出原则。

5.2.3 化学品（兽药、消毒剂等）的存放和混合要远离饲草、饲料储存区。

5.2.4 不合格、被污染以及变质饲料须做无害化处理，不存放在饲料贮存场所。

5.2.5 饲料运输工具须定期清洗、消毒。

5.2.6 饲料应确保在保质期内使用。

5.3 饲料检测

5.3.1 饲料检测应按照《饲料卫生标准》执行，重点检测饲料中铅、镉、铬、总砷、汞、黄曲霉毒素 B_1、赭曲霉毒素 A、玉米赤霉烯酮、呕吐毒素、T-2 毒素、伏马毒素、霉菌总数、细菌总数、沙门氏菌等。

5.3.2 饲料添加剂检测应严格遵守《饲料添加剂安全使用规范》。

附 录 A
（规范性）
记录表格

表 A.1 兽药购入记录

日期	通用名	生产企业	批准文号	规格	批号	有效期	数量	供货单位	采购或验收人

表 A.2 兽药领用记录

日期	通用名	剂型	规格	生产厂家	批号	领用数量	何处使用	领用人

表 A.3 兽药使用记录

日期	通用名	生产企业	批号	圈舍或类群	个体编号	用药方法	停药日期	休药期	处方编号	兽医	记录人

表 A.4 饲料购入记录

日期	通用名	生产厂家及产地	批号（批准文号）	有效期	数量	检验报告	签收人

表 A.5 饲料领用记录

日期	通用名	生产厂家	批号	领用数量	领用人	何处使用

表 A.6 饲料、饲料添加剂使用记录

日期	通用名	生产厂家及产地	批号（批准文号）	使用量（比例）	使用人

参 考 文 献

[1] 《中华人民共和国动物防疫法》
[2] 《中华人民共和国农业部公告第 278 号》
[3] 《饲料原料目录》
[4] 《中华人民共和国农业部公告第 1997 号》
[5] 《饲料添加剂安全使用规范》（农业部公告第 2625 号）
[6] 《饲料和饲料添加剂管理条例》（国务院令第 266 号）
[7] 《饲料添加剂品种目录》（农业部公告第 2045 号）
[8] 《饲料药物添加剂管理规范》（农业部公告第 168 号）
[9] 《禁止在饲料和动物饮用水中使用的药物品种目录》（农业部、卫生部、国家药品监督管理局公告第 176 号）
[10] 《中华人民共和国兽药典》
[11] 《中华人民共和国兽药规范》
[12] 《兽药生产许可证》
[13] 《兽药管理条例》
[14] 《中华人民共和国农业农村部公告第 307 号》
[15] 《兽药质量标准》（农业部公告第 2513 号）
[16] 《中华人民共和国兽用生物制品质量标准》

ICS 65.020.30
CCS A0311

T/NAASS

宁夏回族自治区农学会团体标准

T/NAASS 033—2022

生鲜乳生产贮运闭环控制技术规程

Technical specification for closed-loop control of raw milk production storage and transportation

2022-11-13 发布 2022-12-17 实施

宁夏回族自治区农学会 发布

前　言

本文件按照 GB/T 1.1—2020《标准化工作导则　第 1 部分：标准化文件的结构和起草规则》的规定起草。

专利免责声明：本文件的某些内容可能涉及专利，本文件的发布机构不承担识别专利的责任。

本文件由宁夏回族自治区科技厅提出。

本文件由宁夏回族自治区农学会归口。

本文件起草单位：宁夏回族自治区兽药饲料监察所、宁夏回族自治区畜牧工作站、宁夏大学、中国农业科学院北京畜牧兽医研究所。

本文件主要起草人：刘维华、赵娟、杨俊华、孔祥明、张慧宁、邓亚婷、吴春燕、陈娟、马静、卜宁霞、邵倩、陈建蓉、厉龙、李松励、王玲、田佳、赵洁、冯建军、温万、脱征军、张宇、毛春春、朱继红、周佳敏、路婷婷、马苗苗、侯丽娥、王琨、张伟新、李委奇。

生鲜乳生产贮运闭环控制技术规程

1 范围

本文件规定了生鲜乳生产许可条件、奶站规范管理、生鲜乳贮存、生鲜乳运输等闭环控制的技术要求。

本文件适用于宁夏规模奶牛场生鲜乳生产贮运过程的闭环控制。

2 规范性引用文件

下列文件中的内容通过文中的规范性引用而构成本文件必不可少的条款。其中，注日期的引用文件，仅该日期对应的版本适用于本文件；不注日期的引用文件，其最新版本（包括所有的修改单）适用于本文件。

GB/T 10942　世纪散装乳冷藏罐

GB 16568　奶牛场卫生规范

乳品质量监督管理条例　国务院令第536号

3 术语和定义

下列术语和定义适用于本文件。

3.1 生鲜乳生产（Production of raw milk）

指取得生鲜乳收购许可证的规模奶牛场，经挤奶设备从健康泌乳牛挤出的生鲜乳汁，通过计量、管道输送至贮存装置的生产过程。

3.2 生鲜乳贮存（Storage of raw milk）

指规模奶牛场从生鲜乳挤出至装车运往乳品加工企业前，生鲜乳在挤奶厅奶罐中滞留的过程。生鲜乳挤出后 2 h 内将奶温降至 0~4℃，贮存期间应间隔性搅拌使罐内温度均匀一致。

3.3 生鲜乳运输（Raw milk transportation）

指取得生鲜乳准运证的专用奶罐车，依据生鲜乳供销合同约定，将生鲜乳从奶牛场冷链运输至乳品企业交售的过程。

3.4 闭环控制（Closed loop control）

规模奶牛场生鲜乳从生产、贮存至运输，全程密封，不敞漏，相对恒温，处于闭环可追溯管理的质量控制模式。

4 生鲜乳生产许可条件

4.1 符合生鲜乳生产建设规划布局，建设标准符合《乳品质量监督管理条例》要求。

4.2 符合环保和卫生要求的生产场所，符合 GB 16568 的有关规定。

4.3 有与挤奶量相适应的冷却、冷藏、保鲜设施和低温运输设备。

4.4 有与检测项目相适应的化验、计量、检测仪器设备。

4.5 从业人员应符合 GB 16568 的有关规定。

4.6 有卫生管理和质量安全保障制度。

5 奶站规范管理要求

5.1 取得当地畜牧兽医主管部门颁发的生鲜乳收购许可证，有效期 2 年。

5.2 许可使用的化学物质和产品应专人加锁保管，单独存放，挤奶厅、贮奶间不得堆放任何化学物品。

5.3　应建在养殖场的上风处或中部侧面，距离牛舍 50~100 m，有专用的运输通道，不可与污道交叉。
5.4　设有挤奶厅、待挤厅、设备室、贮奶间、更衣室、化验室、办公室等区域。
5.5　挤奶厅干净、无积粪，挤奶区、贮奶间墙面与地面进行防水防滑处理；有挤前 3 把奶的容器；挤奶、输奶器具管道清洁，无污垢；挤奶机定期检测维护。
5.6　应建立挤奶消毒程序，卫生保障、质量安全保障、人员管理等制度。
5.7　应建立生鲜乳生产、销售、检测和不合格生鲜乳处理记录；挤奶、贮存等设备检测、维护、清洗、消毒记录完整。
5.8　每批次生鲜乳应留样，专柜存放，低温保存，待交售无异议完成后弃存。

6　生鲜乳贮存要求

6.1　贮奶区保持环境卫生清洁，应明确区分并标识正常乳和异常乳的贮奶罐，异常乳建立保存处置记录。
6.2　贮奶罐应符合 GB/T 10942 要求，应有效密封、加锁，具备快速制冷和保冷功能，生鲜乳挤出 2 h 之内降温至≤4℃保存。
6.3　每次使用前后对贮奶罐及其附属输送部件进行清洗和消毒，建立清洗消毒记录。
6.4　贮奶区应干净整洁，没有杂物堆放，周边地面硬化无积水。

7　生鲜乳运输要求

7.1　生鲜乳运输车与奶站签订运输合同后，按规定申领准运证，未取得生鲜乳准运证的不可从事生鲜乳 运输工作。
7.2　生鲜乳运输车在贮奶前和排出生鲜乳后，必须进行贮奶罐的清洗和消毒，保存清洗消毒记录。
7.3　运输车贮奶罐应加锁密封，安装 GPS 定位系统。
7.4　运输生鲜乳应填写和保存生鲜乳交接单，由奶牛场和乳品企业分别留存；使用电子交接单的及时上传系统。
7.5　生鲜乳运输车准运证有效期 1 年，到期审核换证。

附　录　A
（规范性）
生鲜乳交接单

表 A.1　生鲜乳交接单

生鲜乳来源					
奶站名称			生鲜乳生产许可证号		
养殖场地址					
经手人签字		联系电话		生鲜乳数量（t）	
出发时间			出发时生鲜乳温度（℃）		
生鲜乳去向					
接受单位名称				接收人签字	
接收单位地址				联系电话	
运输车牌号				生鲜乳准运证号	
司机签字		联系电话		押运人签字	
到达时间			到达时生鲜乳温度（℃）		

注：本生鲜乳交接单由奶站和接收单位分别留存。使用电子交接单的及时上传系统。

ICS 65.020.30
CCS A0311

T/NAASS

宁夏回族自治区农学会团体标准

T/NAASS 034—2022

优质生鲜乳质量等级评定技术规范

Technical specification for quality grade evaluation of high quality raw milk

2022-11-13 发布　　2022-12-17 实施

宁夏回族自治区农学会　　发布

前　言

本文件按照 GB/T 1.1—2020《标准化工作导则　第 1 部分：标准化文件的结构和起草规则》的规定起草。

专利免责声明：本文件的某些内容可能涉及专利，本文件的发布机构不承担识别专利的责任。

本文件由宁夏回族自治区科技厅提出。

本文件由宁夏回族自治区农学会归口。

本文件起草单位：宁夏回族自治区兽药饲料监察所、宁夏回族自治区畜牧工作站、宁夏大学、宁夏农垦乳业股份有限公司、贺兰中地生态牧场有限公司。

本文件主要起草人：刘维华、孔祥明、杨俊华、赵娟、马静、张慧宁、陈娟、吴春燕、张雯、崔生玲、马春芳、李永琴、陈海燕、李艳艳、杜爱杰、温万、许立华、张作义、田佳、脱征军、张宇、厉龙、毛春春、朱继红、周佳敏、路婷婷、马苗苗、侯丽娥、王琨、张伟新、李委奇。

优质生鲜乳质量等级评定技术规范

1　范围

本文件规定了宁夏优质生鲜乳质量等级评定的技术要求、采样要求、检验方法及评定规则。

本文件适用于宁夏优质生鲜乳质量等级评定，推荐为生鲜乳购销定价的参考依据。

2　规范性引用文件

下列文件中的内容通过文中的规范性引用而构成本文件必不可少的条款。其中，注日期的引用文件，仅该日期对应的版本适用于本文件；不注日期的引用文件，其最新版本（包括所有的修改单）适用于本文件。

GB 4789.2　食品安全国家标准　食品微生物学检验　菌落总数测定

GB 5009.5　食品安全国家标准　食品中蛋白质的测定

GB 5009.6　食品安全国家标准　食品中脂肪的测定

GB 5009.24　食品安全国家标准　食品中黄曲霉毒素 M 族的测定

GB 5009.33　食品安全国家标准　食品中亚硝酸盐与硝酸盐的测定

GB 19301　食品安全国家标准　生乳

NY/T 800　生鲜牛乳中体细胞的测定方法

3　术语和定义

下列术语和定义适用于本文件。

3.1　生鲜乳（Raw milk）

从符合国家有关要求的健康奶牛乳房中挤出的无任何成分改变的常乳。产犊后 7 d 内所产的初乳、应用抗生素期间和休药期间的乳汁、变质乳不应用作生鲜乳。

3.2　优质生鲜乳（High quality raw milk）

指符合生鲜乳国家标准要求，且乳蛋白、乳脂肪含量高于国家标准，菌落总数、体细胞数优于国家标准，未受到黄曲霉毒素 M_1 和亚硝酸盐等有害成分污染的生鲜乳。

3.3　等级评定（Grade evaluation）

等级评定是对生鲜乳质量从理化指标、微生物指标、奶牛健康指标、饲料安全指标、环境安全指标分等级进行的综合评价。

4　技术要求

4.1　通用要求

应符合 GB 19301 规定。

4.2　质量等级评定划分

生鲜乳质量等级划分应符合表 1 规定。

表 1　生鲜乳质量等级划分

等级		合格乳	优等乳	特优乳
蛋白质(g/100 g)	4 月至 10 月	≥2.8	≥3.1	≥3.3
	10 月至 4 月	≥2.8	≥3.2	≥3.4
脂肪(g/100 g)	4 月至 10 月	≥3.1	≥3.5	≥3.7
	10 月至 4 月	≥3.1	≥3.7	≥3.9
体细胞(万个/mL)		≤75	≤40	≤20
菌落总数(万 CFU/mL)		≤200	≤10	≤5
黄曲毒霉素 M_1(μg/kg)		≤0.5	不得检出	不得检出
亚硝酸盐(mg/kg)		≤0.4	不得检出	不得检出

注：合格乳符合 GB 19301。
蛋白质、脂肪含量按月份划定，4 月至 10 月指当年 4 月 1 日至 9 月 30 日；10 月至 4 月指当年 10 月 1 日至第二年 3 月 31 日。

5　采样要求

5.1　测定样品应从牧场贮奶罐或运奶槽车中采集。
5.2　在牧场贮奶罐或运奶槽车搅拌均匀后，分别从上部、中部、底部等量随机抽取或在奶槽车出料时前、中、后等量抽取，混合后分样，密封包装。
5.3　采样工具、样品容器、运输工具应保持洁净卫生，采集微生物检测样品所用工具及盛装容器应做灭菌处理。
5.4　取样最满足检验要求。
5.5　样品应在 0~4℃条件下妥善保存，24 h 内检测。

6　检验方法

6.1　蛋白质含量测定按照 GB 5009.5 规定执行。
6.2　脂肪含量测定按照 GB 5009.6 规定执行。
6.3　体细胞测定按照 NY/T 800 规定执行。
6.4　菌落总数测定按照 GB 4789.2 规定执行。
6.5　黄曲霉毒素 M_1 测定按照 GB 5009.24 规定执行。
6.6　亚硝酸盐测定按照 GB 5009.33 规定执行。

7　评定规则

7.1　等级

按照蛋白质、脂肪、体细胞、菌落总数、黄曲霉毒素 M_1、亚硝酸盐 6 项指标综合评定生鲜乳的质量等级，分为合格乳、优等乳、特优乳 3 个等级。

7.2　判定

根据测定值判定单项指标的质量等级，按照等级最低的单项指标评定生鲜乳的质量等级。

ICS 64.020.30
CCS A0311

T/NAASS

宁夏回族自治区农学会团体标准

T/NAASS 041—2022

生鲜乳质量安全监测采样技术规程

Technical specification for sampling for quality and safety monitoring of raw milk

2022-12-28 发布　　　　2023-01-31 实施

宁夏回族自治区农学会　　发 布

前　言

本文件按照 GB/T 1.1—2020《标准化工作导则　第 1 部分：标准化文件的结构和起草规则》的规定起草。

专利免责声明：本文件的某些内容可能涉及专利，本文件的发布机构不承担识别专利的责任。

本文件由宁夏回族自治区科技厅提出。

本文件由宁夏回族自治区农学会归口。

本文件起草单位：宁夏回族自治区兽药饲料监察所、宁夏回族自治区畜牧工作站、宁夏大学、宁夏农产品质量安全中心、华中农业大学。

本文件主要起草人：刘维华、孔祥明、杨俊华、张慧宁、赵娟、马静、张淑君、温万、田佳、严莉、夏文莉、谭倩、张作义、赵洁、卜宁霞、陈娟、李永琴、马春芳。

生鲜乳质量安全监测采样技术规程

1 范围

本文件规定了生鲜乳质量安全监测的采样要求、样品采集、记录、样品封存、样品的保存与运输、样品销毁。

本文件适用于宁夏回族自治区收购站、运输车、奶牛散养户生鲜乳质量安全监测样品的采集。

2 规范性引用文件

下列文件中的内容通过文中的规范性引用而构成本文件必不可少的条款。其中，注日期的引用文件，仅该日期对应的版本适用于本文件；不注日期的引用文件，其最新版本（包括所有的修改单）适用于本文件。

GB19301 食品安全国家标准 生乳

GB4789.18 食品安全国家标准 食品微生物学检验 乳与乳制品检验

NY/T5344.6 无公害食品 产品抽样规范第 6 部分：畜禽产品

3 术语和定义

下列术语和定义适用于本文件。

3.1 生鲜乳（Raw milk）

从符合国家有关要求的健康奶牛乳房中挤出的无任何成分改变的常乳。产犊后 7 d 的初乳、应用抗生素期间和休药期间的乳汁、变质乳不应用作生鲜乳。

（来源：GB 19301—2010，3.1，有修改）

3.2 监测（Monitoring）

通过系统持续地收集、整理和分析生鲜乳相关数据和信息，了解规定生鲜乳质量状况。

3.3 采样（Sampling）

在无固定的有效工作日内，抽取和构成一个样的过程。

4 采样要求

4.1 人员

采样人员上岗前应经过培训考核，持证上岗，采样时必须 2 人以上，并指定 1 名为采样负责人，负责采样具体实施及协调工作。

4.2 程序

4.2.1 采样前须主动向被检单位出示有关文件和执法证件或工作证。

4.2.2 严格按照采样、封样、编号及留样等程序采样。

4.2.3 不得由被检单位取样后送检。

4.3 采样工具

4.3.1 有采样瓶、搅拌器具、铲斗、塑料舀勺、温度计、低温存奶箱、一次性手套、封口膜、记号笔、采样单、封签等工具。微生物检测用样品需按 GB4789.18 规定配备专用灭菌容器。

4.3.2 采样瓶为玻璃或塑料材质，其他采样工具为不锈钢或其他强度适当的材质，表面光滑，无缝隙，使用前保持干燥、无污染。

4.3.3 采样混合容器的体积不小于 2 L，盛装样品的容器体积不小于200 mL。

5 样品采集

5.1 生鲜乳收购站的储奶罐，采样前先开动机械式搅拌装置至少搅拌 5 min。
5.2 生鲜乳运输车和奶牛散养户的储奶罐，采样前先用人工搅拌器探入罐底，采用从下至上的方式搅拌 30 次以上。
5.3 样品充分混匀后，用液态乳铲斗从表面、中部、底部 3 点采样，每个点采集 500 mL。将 3 点采集的样品放入采样混合容器中，混合均匀后，用采样瓶分装 3 份，每份不少于 150 mL。
5.4 样品 1 份留存被检单位，同时告知样品的保存条件、保存时间等相关事宜。2 份交检测单位（1 份检测，1 份留样）。

6 记录

6.1 采样单编号格式

B/Mi/被采样单位所在地区简称/采样日期/样品序号，或依据监测任务的要求编号。

B 代表动物品种为牛，Mi 代表样品种类为奶，与 NY/T5344.6 规定一致。

示例：2×××年××月××日在××县（区）抽取的第 6 个样品，其编号为 B/Mi/××县（区）/2×××/××/××/006。

6.2 采样单填写

6.2.1 采样人员在现场应遵循一样一单原则，按照附录 A 表 A.1 认真填写采样单。
6.2.2 填写的采样信息要准确、完整，字迹工整、清晰。
6.2.3 经双方确认无误后，须有 2 名以上采样人员和被检单位法人或当事人共同签字。
6.2.4 采样单为三联单，第一联交检测单位，第二联交被检单位保存，第三联交被检单位所在地监管部门。

注：对使用自动采样终端设备现场打印采样单和封签时，按照该系统中的内容正确选取。

7 样品封存

7.1 每份样品必须现场封口，粘贴封签。
7.2 每份样品的封签应按照附录 A 表 A.2 的规定内容填写，其中采样人员签字须由 2 人共同完成。
7.3 封样材料应清洁、干燥。包装容器应完整、结实，具有一定抗压性。

8 样品保存与运输

8.1 样品应在 0~4℃条件下妥善保存，并在 24 h 内送达检测单位。
8.2 运输工具应清洁卫生，全程冷藏运输，样品不得与有毒有害污染物混合运输。
8.3 运输和装卸过程中不得对样品造成污染和破损。

9 样品销毁

9.1 样品经检测单位检验完毕，所检项目合格，结果报送完毕，无异议后，3 份样品即可销毁。
9.2 样品经检测，若出现不合格项目，被检单位和检测单位的留样用于复检。复检无异议后，留样销毁。
9.3 微生物检验项目和现场监测项目（如碱类物质、β-内酰胺酶等）不得提出复核检验。项目检毕，样品即可销毁。

附　录 A
（规范性）
记录表格

A.1　生鲜乳质量安全监测采样单

表 A.1　生鲜乳质量安全监测采样单

<table>
<tr><td colspan="2">样品编号</td><td></td><td colspan="2">采样日期和时间</td><td colspan="2">年　月　日　时</td></tr>
<tr><td colspan="2">采样量</td><td>3×50 mL</td><td colspan="2">采样基数</td><td colspan="2"></td></tr>
<tr><td colspan="2">采样环节</td><td colspan="5">□收购站　　□运输车（车牌号：　　）　　□散养户</td></tr>
<tr><td colspan="2">奶站类型</td><td colspan="5">□奶畜养殖场开办　　□奶农专业生产合作社开办
□乳制品生产企业开办　　□其他</td></tr>
<tr><td colspan="2">生鲜乳收购许可证</td><td colspan="5">□有　许可证号：________　　□无　（备注：　　）</td></tr>
<tr><td colspan="2">生鲜乳准运证</td><td colspan="5">□有　准运证号：________　　□无　（备注：　　）</td></tr>
<tr><td colspan="2">生鲜乳交接单</td><td colspan="5">□有　　□无　（备注：　　）</td></tr>
<tr><td colspan="2">交奶去向</td><td colspan="5"></td></tr>
<tr><td rowspan="4">被检单位情况</td><td>奶站名称/养殖场</td><td colspan="5"></td></tr>
<tr><td>通讯地址</td><td colspan="3"></td><td>邮编</td><td></td></tr>
<tr><td>法定代表人</td><td></td><td colspan="2">联系电话</td><td colspan="2"></td></tr>
<tr><td>受检者</td><td></td><td colspan="2">联系电话</td><td colspan="2"></td></tr>
<tr><td rowspan="3">采样单位情况</td><td>单位名称</td><td colspan="5"></td></tr>
<tr><td>通讯地址</td><td colspan="3"></td><td>邮编</td><td></td></tr>
<tr><td>联系人</td><td></td><td colspan="2">联系电话</td><td colspan="2"></td></tr>
<tr><td colspan="3">被检单位签字：
被检单位（公章）：
被检日期：　　年　月　日</td><td colspan="4">采样人签字：
采样单位（公章）：
采样日期：　　年　月　日</td></tr>
<tr><td colspan="7">备注：</td></tr>
<tr><td colspan="7">本采样单一式三联，第一联交检测单位，第二联留被检单位，第三联交被检单位所在地监管部门。</td></tr>
</table>

A.2 生鲜乳封签样式

表A.2 生鲜乳封签样式

样品编号	样品名称	被检单位当事人	采样人	采样日期	采样单位（盖章）
B/Mi/–	生鲜乳				

ICS 65.020.30
CCS A0311

T/NAASS

宁夏回族自治区农学会团体标准

T/NAASS 042—2022

生鲜牛乳中氯离子含量的测定 离子色谱法

Determination of chloride ion content in fresh milk
Ion chromatography

2022-12-28 发布

2023-01-31 实施

宁夏回族自治区农学会　　发 布

前　言

本文件按照 GB/T 1.1—2020《标准化工作导则　第 1 部分：标准化文件的结构和起草规则》的规定起草。

专利免责声明：本文件的某些内容可能涉及专利，本文件的发布机构不承担识别专利的责任。

本文件由宁夏回族自治区科技厅提出。

本文件由宁夏回族自治区农学会归口。

本文件起草单位：宁夏回族自治区兽药饲料监察所、宁夏大学、中国农业科学院北京畜牧兽研究所、华中农业大学。

本文件主要起草人：杨俊华、刘维华、赵娟、孔祥明、张慧宁、张淑君、陈海燕、陈娟、吴春燕、马岩、马静、张雯、马春芳、李永琴、卜宁霞、崔生玲、邓亚婷、许立华、李松励。

生鲜牛乳中氯离子含量的测定 离子色谱法

1 范围

本文件规定了生鲜牛乳中氯离子含量的离子色谱检测方法。
本文件适用于生鲜牛乳中氯离子含量的测定。

2 规范性引用文件

下列文件中的内容通过文中的规范性引用而构成本文件必不可少的条款。其中，注日期的引用文件，仅该日期对应的版本适用于本文件；不注日期的引用文件，其最新版本（包括所有的修改单）适用于本文件。

GB/T 6682 分析实验室用水规格和试验方法

3 原理

样品经过稀释，乙腈沉淀蛋白后，过脱脂柱净化，通过阴离子分析柱，根据分析柱对各离子的亲和力不同而进行分离，进入电导检测器进行检测，外标法定量。

4 试剂与材料

除非另有说明，所有试剂使用分析纯试剂，水为符合 GB/T 6682 规定的一级水。

4.1 试剂

4.1.1 乙腈（CH_3CN），色谱纯。
4.1.2 甲醇（CH_3ON），色谱纯。
4.1.3 40 mmol/L 氢氧化钾溶液：称取 2.24 g 氢氧化钾用水定容至 1 000 mL。
4.1.4 氯离子标准溶液（ρ（Cl）=1 000 mg/L，水为基体）
4.1.5 氯离子标准工作液：分别准确移取氯离子标准溶液（4.1.4）0 μL、50 μL、100 μL、250 μL、500 μL、750 μL、1 000 μL 于 50 mL 容量瓶内，用水定容混匀。得到浓度分别为 0 μg/mL、1.0 μg/mL、2.0 μg/mL、5.0 μg/mL、10.0 μg/mL、15.0 μg/mL、20.0 μg/mL 的氯离子标准工作液。0~4℃保存，有效期 1 个月。

4.2 材料

4.2.1 过滤膜：0.22 μm。
4.2.2 RP 柱（1.0 mL），或性能相当的能去除有机物质的前处理小柱，使用前依次用 5 mL 甲醇和 10 mL 水活化，静置30 min。

5 仪器与设备

5.1 离子色谱仪：配电导检测器和抑制器。
5.2 超声波清洗器。
5.3 分析天平：感量 0.01 g。
5.4 冰箱：带 4℃冷藏。

6 分析步骤

6.1 样品处理

称取样品 4 g（精确到 0.01 g）于 10 mL 容量瓶中，用乙腈（4.1.1）定容至刻度，振摇混匀后，超声提取 10 min。在 4 ℃冰箱中静置 20 min 沉淀蛋白，取出恢复至室温，精密移取上清液 1 mL 置 50 mL 容量瓶中，用水定容至刻度。将稀释后的溶液经 RP 柱（4.2.2）和 0.22 μm 的水相滤膜，上机分析。

6.2 仪器条件

6.2.1 离子色谱柱参数：IonPac AS 16 型阴离子分析柱 4 mm×250 mm（配备 IonPac AS 16 型阴离子保护柱 4 mm×50 mm）或性能相当离子色谱柱。
6.2.2 流速：1.0 mL/min。
6.2.3 电导检测器：配 4 mrn 阴离子抑制器。
6.2.4 进样体积：100 μL。
6.2.5 柱温：30.0℃。
6.2.6 电导池温度：35.0℃。
6.2.7 淋洗液：氢氧化钾溶液（4.1.3）等度淋洗。

6.3 标准工作曲线制作

将标准工作溶液（4.1.5）按仪器参考条件（6.2）进行测定。以标准工作溶液的浓度为横坐标，以峰面积为纵坐标绘制标准工作曲线。

6.4 样品测定

取样品处理液上机测定，以保留时间定性，测量样品溶液的峰面积响应值，采用外标法定量。样品溶液中氯离子的响应值应在标准线性范围内，若超出标准曲线线性范围，应稀释后进行分析。在上述色谱分析条件下，标准品和样品色谱图参见附录 A。

7 结果计算

试样中氯离子的含量以毫克每千克（mg/kg）表示，按公式（1）计算：

$$X=\frac{C\times V\times f\times 1\ 000}{m\times 1\ 000} \quad \text{公式（1）}$$

式中，X 为试样中氯离子的含量，单位毫克每千克（mg/kg）；C 为试样中氯离子峰面积对应的浓度，单位微克每毫升（μg/mL）；V 为试样定容体积，单位毫升（mL）；m 为试样的质量，单位克（g）；f 为稀释倍数。

计算结果以重复性条件下获得的 2 次独立测定结果的算术平均值表示，结果保留 3 位有效数字。

8 精密度

在重复性条件下，2 次独立测试结果的绝对差值不大于算术平均值的 10%。

9 准确度

样品的加标回收率应控制在 80%~120%。

附　录 A
（资料性）
氯离子离子色谱仪色谱图

A.1　氯离子标准品离子色谱图

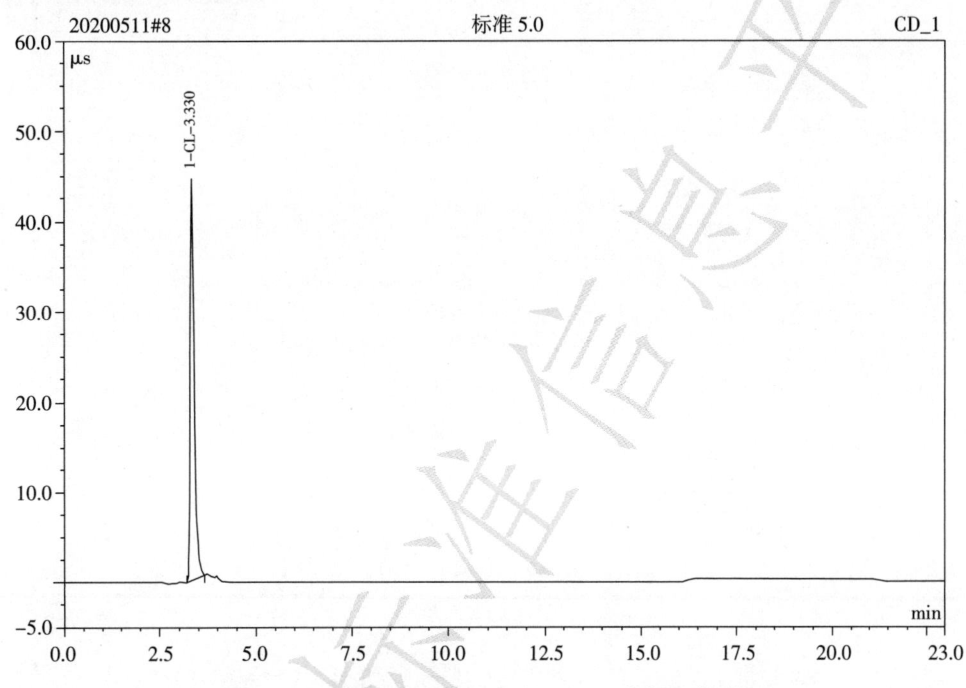

图 A.1　氯离子标准品（5.0 μg/mL）离子色谱图

A.2　生鲜乳样品离子色谱图

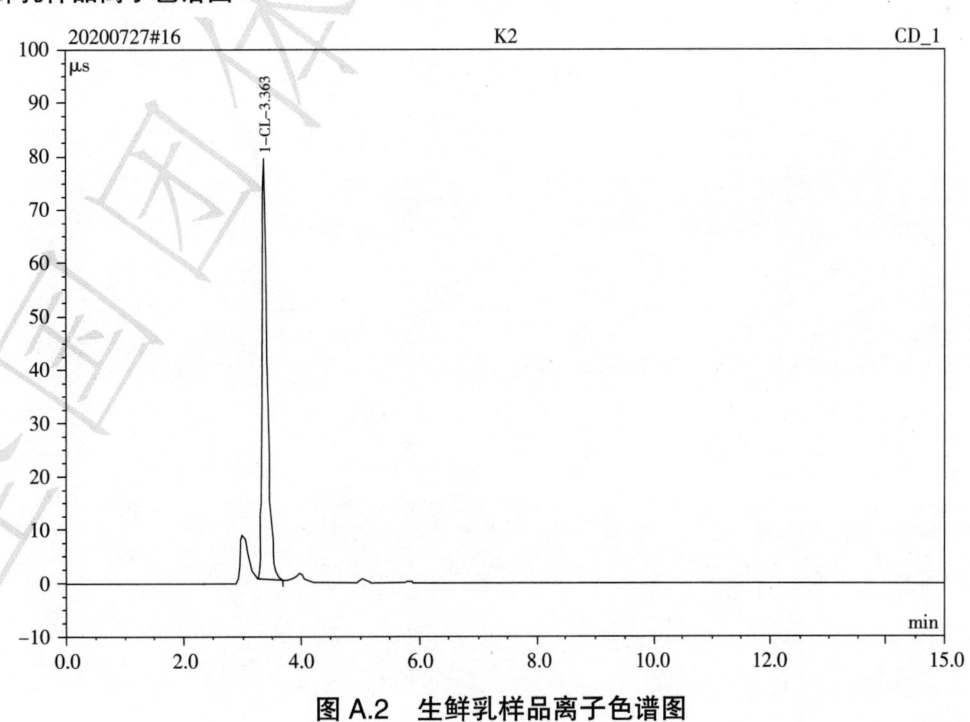

图 A.2　生鲜乳样品离子色谱图

ICS 65.020.30
CCS A0311

T/NAASS

宁夏回族自治区农学会团体标准

T/NAASS 043—2022

奶牛散养户生鲜乳质量安全监管技术规程

Technical Regulation for quality and safety supervision of raw milk produced by dairy farmers

2022-12-28 发布 2023-01-31 实施

宁夏回族自治区农学会 发布

前　言

本文件按照 GB/T 1.1—2020《标准化工作导则　第 1 部分：标准化文件的结构和起草规则》的规定起草。

专利免责声明：本文件的某些内容可能涉及专利，本文件的发布机构不承担识别专利的责任。

本文件由宁夏回族自治区农业农村厅提出。

本文件由宁夏回族自治区农学会归口。

本文件起草单位：宁夏回族自治区兽药饲料监察所、宁夏回族自治区畜牧工作站、宁夏农产品质量安全中心、华中农业大学。

本文件主要起草人：刘维华、张慧宁、杨俊华、孔祥明、陈娟、李永琴、马春芳、卜宁霞、赵娟、张淑君、马静、温万、田佳、严莉、夏文莉、谭倩、张作义、赵洁、海梅。

奶牛散养户生鲜乳质量安全监管技术规程

1 范围

本文件规定了宁夏奶牛散养户生鲜乳质量安全监管的合理分区、卫生环境、消毒挤奶的基本要求和备案、疫病防治、饲料兽药控制、质量承诺等技术要求。

本文件适用于宁夏奶牛散养户生鲜乳质量安全监管。

2 规范性引用文件

下列文件中的内容通过文中的规范性引用而构成本文件必不可少的条款。其中，注日期的引用文件，仅该日期对应的版本适用于本文件；不注日期的引用文件，其最新版本（包括所有的修改单）适用于本文件。

GB 19301 食品安全国家标准 生乳

NY 5027 无公害食品畜禽饮用水水质

NY/T 5030 无公害农产品兽药使用准则

饲料和饲料添加剂管理条例 国务院令第 609 号

生鲜乳生产技术规程（试行） 农业部办公厅〔2008〕68 号

3 术语和定义

下列术语和定义适用于本文件。

3.1 奶牛散养户（Free-range dairy farmer）

未纳入生鲜乳收购站管理，向农贸市场、早市、住宅小区、周边农户、职工食堂、鲜奶吧销售和配送生鲜乳的奶牛养殖户（以下简称为散养户）。

3.2 生鲜乳（Raw milk）

从符合国家有关要求的健康奶牛乳房中挤出的无任何成分改变的常乳。产犊后 7 d 内所产的初乳、应用抗生素期间和休药期间的乳汁、变质乳不应用作生鲜乳。

（来源：GB 19301—2010，3.1，有修改）

4 基本要求

4.1 合理分区

散养户的生活区、饲养区、挤奶区、贮奶区应进行合理分区，每个区域相对独立。

4.2 卫生环境

不得人畜混居、贮奶罐与其他物质不得混合堆放。应定期对牛舍、牛体进行消毒。

4.3 消毒挤奶

挤奶人员、挤奶设备、贮奶设备、奶牛乳头消毒和挤奶程序等严格按照《生鲜乳生产技术规程（试行）》执行，严禁在牛舍挤奶。

4.4 饮用水

奶牛饮用水应符合 NY 5027 相关规定。

5 生鲜乳质量安全监管

5.1 备案

散养户必须向所在县（市、区）畜牧兽医主管部门备案。

5.2 疫病防治

散养户应当配合县（市、区）畜牧兽医主管部门开展重大动物疫病强制性免疫。

5.3 兽药饲料控制

5.3.1 养殖过程中兽药使用按照 NY/T 5030 规定执行。

5.3.2 养殖过程中饲料使用按照《饲料和饲料添加剂管理条例》规定执行。

5.3.3 养殖过程中不得使用国家明令禁止的兽药，不得在饲料中添加动物源性成分，不得添加对动物和人体具有直接或者潜在危害的物质，不得使用霉变、过期的饲料及饲料原料。

5.3.4 散养户应当配合相关部门开展兽药、饲料监督抽检。

5.4 生鲜乳贮存、检测、销售

5.4.1 挤奶后 2 h 内，生鲜乳温度应当降至 4℃以下，贮奶罐应当放置在 0~4℃的冷柜中保存。

5.4.2 生鲜乳中不得添加任何物质。

5.4.3 生鲜乳应每月进行 1 次冰点、蛋白质、脂肪、菌落总数、抗生素残留检测，检测方法按照 GB 19301 执行， 按照附录 A 表 A.1 记录。

5.4.4 生鲜乳销售运输应配备冷链设施。

5.4.5 销售至农贸市场、早市、住宅小区、周边农户、职工食堂、鲜奶吧的生鲜乳必须登记造册。

5.5 记录档案

5.5.1 散养户应建立疫病防控档案、繁殖档案， 按照附录 A 表 A.2、A.3 记录。

5.5.2 散养户应建立兽药、饲料和饲料添加剂购进和使用记录， 按照附录 A 表 A.4 至 A.8 记录。

5.5.3 散养户应建立卫生消毒、生鲜乳销售记录，按照附录 A 表 A.9、A.10 记录。

5.5.4 县（市、区）畜牧兽医主管部门应对养殖户进行督查，每月 1 次。

5.6 质量承诺

散养户应向所在县(市、区）畜牧兽医主管部门承诺生鲜乳质量安全，承诺书格式、内容见附录 B。

5.7 转型升级

5.7.1 散养户应改善养殖环境， 积极创造条件申请取得生鲜乳收购许可证。

5.7.2 散养户无力改善条件，所在县（市、区） 畜牧兽医主管部门应督促养殖户转型或托管。

5.7.3 散养户生鲜乳质量安全无法保证，所在县（市、区）畜牧兽医主管部门应劝退。

附 录 A
（规范性）
记录表格

A.1 生鲜乳检测记录

表 A.1 生鲜乳检测记录

抽样日期	抽样单位	抽样人	检测项目	检测单位	检测报告	检测结果	备注

A.2 育种繁殖记录

表 A.2 育种繁殖记录

牛号	出生日期	出生地	父号	母号	目前胎次	上次产犊日期	目前状况	备注

A.3 疫病防控记录

表 A.3 疫病防控记录

牛号	疫苗名称	生产厂家	批号	接种时间	兽医签字	备注

A.4 兽药购进记录

表 A.4 兽药购进记录

日期	通用名	生产厂家	批准文号	规格	批号	有效期	数量	供货单位	采购或验收人

A.5 兽药使用记录

表 A.5 兽药使用记录

日期	通用名	剂型	规格	生产厂家	批号	使用数量	何处使用	使用人

A.6 饲料购进记录

表 A.6 饲料购进记录

日期	通用名	生产厂家及产地	批号	有效期	数量	检验报告	采购或验收人

A.7 饲料使用记录

表 A.7 饲料使用记录

领用日期	通用名	生产厂家	批号	领用数量	领用人	何处使用

A.8 饲料添加剂购进及使用记录

表 A.8 饲料添加剂购进及使用记录

购进日期	添加剂名称	生产厂家及产地	检验报告	何处购得	购进数量	采购人或验收人	使用日期	使用数量	使用人

A.9 卫生消毒记录

表 A.9 卫生消毒记录

日期	消毒时间	消毒范围及对象	消毒剂类型	消毒方式	操作者

A.10 生鲜乳生产销售记录

表 A.10 生鲜乳生产销售记录

日期	日产生鲜乳总量（kg）	产奶牛数量	生鲜乳销售对象	销售数量（kg）	销售人	剩余生鲜乳总量（kg）	剩余生鲜乳处置方式	处置人

附 录 B
（规范性）
承诺书

B.1 承诺书

我叫______________，家住___________________________________，由于各种原因，造成我养殖场生鲜乳无法正常交售至奶站和乳品企业，只能个人拉运到农贸市场、早市、住宅小区、周边农户、职工食堂、鲜奶吧等进行零售。为确保销售的生鲜乳质量安全，本人承诺如下：

1. 不销售添加了任何物质的生鲜乳。

2. 不销售在规定用药期和休药期内的奶畜产的生鲜乳。

3. 不销售不新鲜的生鲜乳。

4. 本人保证销售的生鲜乳质量安全，若违反国家有关生鲜乳销售质量安全规定，本人愿意承担全部责任。

销售范围及数量：

联系电话：

承诺人：

年　　月　　日

ICS 65.020.30
CCS A0311

T/NAASS

宁 夏 回 族 自 治 区 农 学 会 团 体 标 准

T/NAASS 035—2022

宁夏规模奶牛场粪便垫料化生产技术规范

Large-scale Dairy Farm Bedding Production of Cow Manure Technical Specifications of Ningxia

2022-11-13 发布　　2022-12-17 实施

宁夏回族自治区农学会　　发 布

前　言

本文件按照 GB/T 1.1—2020《标准化工作导则　第 1 部分：标准化文件的结构和起草规则》的规定起草。

请注意本文件的某些内容可能涉及专利。本文件的发布机构不承担识别专利的责任。

本文件由宁夏回族自治区科技厅提出。

本文件由宁夏回族自治区农学会归口。

本文件起草单位：宁夏回族自治区畜牧工作站、宁夏回族自治区兽药饲料监察所、宁夏回族自治区乡镇企业经济发展服务中心、宁夏回族自治区农业环境保护监测站、宁夏农垦乳业股份有限公司、宁夏大学。

本文件主要起草人：温万、厉龙、郝峰、李肖、虎雪姣、李世忠、任宇佳、朱继红、刘超、毛春春、张婚雯、脱征军、张宇、邵怀峰、温超、蒋秋斐、艾琦、樊东、刘华、郑小彭、陈思思、张柏信、张博文、田佳、刘维华、周佳敏、许立华、路婷婷、马苗苗、侯丽娥、张伟新、徐寒、刘敏。

宁夏规模奶牛场粪便垫料化生产技术规范

1 范围

本文件规定了宁夏规模奶牛场粪便垫料化生产的术语和定义、场地要求、粪便的收集和处理、生产工艺流程、垫料使用要求、质量要求和测定方法等。

本文件适用于1 000头及以上规模奶牛场，1 000头以下养殖场参照执行。

2 规范性引用文件

下列文件中的内容通过文中的规范性引用而构成本文件必不可少的条款。其中，注日期的引用文件，仅该日期对应的版本适用于本文件；不注日期的引用文件，其最新版本（包括所有的修改单）适用于本文件。

GB/T 27622 畜禽粪便贮存设施设计要求
GB 50016 建筑设计防火规范
GB 50140 建筑灭火器配置设计规范
GB 18596 畜禽养殖业污染物排放标准
GB/T 36195 畜禽粪便无害化处理技术规范
GB 7959 粪便无害化卫生要求
GB 4789.15 食品安全国家标准 食品微生物学检验 霉菌和酵母计数
GB 4789.10 食品安全国家标准 食品微生物学检验 金黄色葡萄球菌检验
NY/T 632 畜禽场场区设计技术规范
NY/T 3442 畜禽粪便堆肥技术规范

3 术语和定义

下列术语和定义适用于本文件。

3.1 牛床垫料（Cow mattress material）

在奶牛卧床上铺设的能够提供给牛舒适环境的沙子、秸秆、木屑等物料。

3.2 牛粪预处理（Pretreatment）

通过机械脱水和投加菌剂的方式调节奶牛粪便含水率和碳氮比，改善奶牛粪便发酵条件的处理工艺。

3.3 无害化（Innocuity）

采用高温、发酵等技术使奶牛粪便达到卫生学要求的过程。

3.4 发酵（Ferment）

奶牛粪便在微生物降解有机物的作用下产生持续高温，结合曝气、翻抛等工序，实现杀灭有害微生物的无害化过程及带走水分的减量化过程。

4 场地要求

4.1 堆粪场建设布局应符合NY/T 682规定。

4.2 粪便堆积场地应防雨、防漏、防渗处理，设置明显标志和围栏等防护措施，有防渗漏措施和排水系统，不应对地下水造成污染，其设计应符合GB/T 27622规定。

4.3 粪便储存设施最小容积为贮存期内粪便产生总量和垫料体积总和。

4.4　堆粪场地设施建设应符合 GB 50016 规定，灭火器配置应符合 GB 50140 规定。

5　粪便收集和运输

5.1　宜采用干清粪工艺，避免牛粪与其他污水混合，减少污染物排放量。
5.2　粪便收集、运输过程中，应采取防遗洒、防渗漏等措施。

6　垫料生产工艺流程

奶牛粪便或厌氧发酵后产生的沼渣经统一收集后进入预处理系统，当含水率降至 65%后进行发酵处理，检测后达到本文件规定可作为牛床垫料使用。工艺流程见图 1。

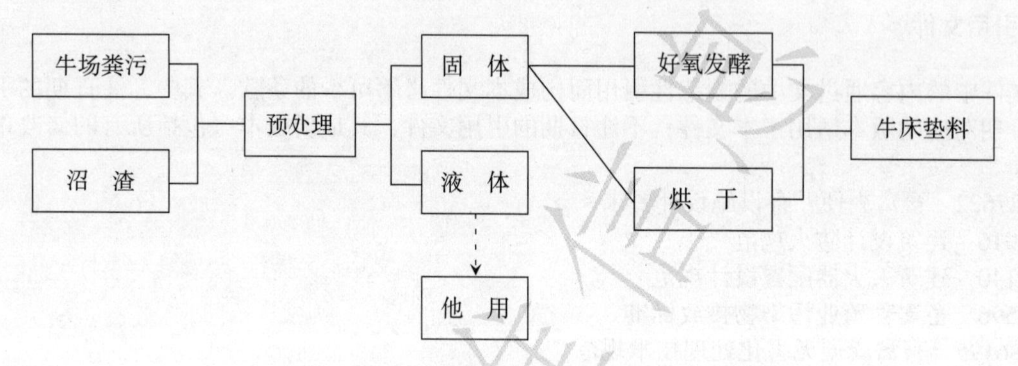

图 1　奶牛场粪便垫料化生产工艺流程图

6.1　预处理

垫料原料以奶牛粪便为主，通过机械脱水和投加菌剂的方式调节粪便含水率和碳氮比。物料中泥沙、泥土含量不超过 10%，超过 10%应增加除沙工艺，碳氮比要求限值应控制在 30：1~35：1 为宜。

6.2　垫料生产

6.2.1　覆膜式静态好氧发酵法

覆膜式静态好氧发酵系统主要由复合覆盖膜及压边系统、供布风系统、智能变频控制系统组成。复合覆盖膜由膨体聚四氟乙烯（expanded Poly Tetra Fluoro Ethylen，e-PTEF）及内外 2 层聚酯纤维膜组成，四周拼接 PVC 裙边。奶牛粪便与发酵菌种按比例调配均匀，堆成 2 m 宽 1.5 m 高的长方形条垛粪堆，并在底部安装通气增氧管道。经合理变频调控鼓风设备运行频率对发酵温度进行干预，确保 55~60℃的时间不少于 10 d。当测试值低于控制温度时，进行通风供氧，增强微生物活性，增加产热量；当测试值高于控制温度时，减少通风供氧，降低微生物活性，使温度回落。发酵温度≥45℃的时间不少于 14 d，冬季发酵须根据实际情况进行增温。工艺流程见图 2。

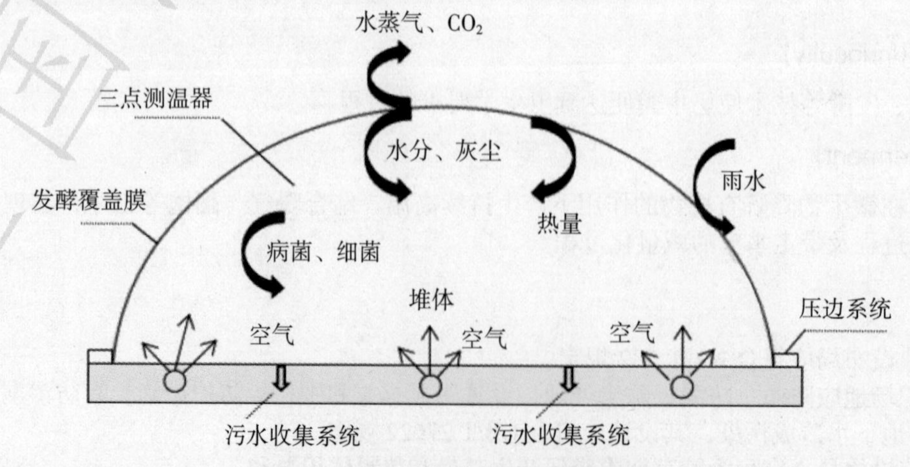

图 2　覆膜式静态好氧发酵示意图

6.2.2 槽式发酵法

设置奶牛粪便发酵凹槽，长度 35~40 m，宽度 6~8 m，深度 1.6~1.8 m，并在凹槽的侧面和底部安装通气增氧管道；将预处理后的奶牛粪便与发酵菌种按比例调配均匀，物料厚度一般为 1.40~1.60 m。每天定时进行 2 次机械翻堆和 2 次高压通气增氧，让发酵物料充分接触空气，发酵物料经过 20~30 d，其发酵温度由前期的 60~70℃逐步下降至 37℃左右完成发酵，冬季发酵时间须根据实际情况适当延长。

6.2.3 滚筒绞进发酵法

发酵滚筒为钢结构并设有驱动装置，与地面倾斜 1.5°~3.0°，用皮带输送机将预处理后的牛粪与发酵菌种按比例调配均匀投放进滚筒内，同时使发酵滚筒以 0.2~0.5 r/min 的转速低速旋转，每隔 3~6 h 通风 8~12 min，使温度保持在 65~70℃进行快速发酵，达到垫料化利用标准。

6.2.4 机械烘干法

用皮带输送机将预处理后的牛粪或沼渣投放进烘干机内，夏天温度应控制在 320℃左右，冬天控制在 500℃，转速设定为 10 HZ，含水率≤45%可作为垫料使用，全程耗时约 40 min。

7 垫料使用要求

7.1 垫料存储

垫料的存储场地宜干燥、通风，存储期限宜小于 5 d。

7.2 垫料补充

根据奶牛场具体情况，适时补充。

8 垫料质量要求及测定方法

垫料质量要求及测定方法见下表。

垫料质量要求及测定表

检测对象	测定项目	要求	测定方法	相关标准
垫料产物	外观	褐色或棕褐色，疏松、无臭味	感官判断	
	水分含量	<45%	粪便水分含量测定法	GB 7959
	粪大肠菌群数	<100 CFU/g	大肠菌群检测法	GB 7959
	霉菌	≤4 000 CFU/g	计数法	GB 4789.15
	金黄色葡萄球菌	不得检出	定性及计数法	GB 4789.10
	沙门氏菌	不得检出	沙门氏菌属检测法	GB 7959
发酵堆体	堆体温度		高温堆肥温度测定法	GB 7959

ICS 65.020.30
CCS A0311

T/NAASS

宁 夏 回 族 自 治 区 农 学 会 团 体 标 准

T/NAASS 036—2022

宁夏规模奶牛场废水黑膜厌氧沼气工程技术规程

Technical code for black membrane anaerobic biogas engineering of wastewater from large–scale dairy farm in Ningxia

2022－11－13 发布　　2022－12－17 实施

宁夏回族自治区农学会　　发 布

前　言

本文件按照 GB/T 1.1—2020《标准化工作导则　第 1 部分：标准化文件的结构和起草规则》的规定起草。

专利免责声明：本文件的某些内容可能涉及专利，本文件的发布机构不承担识别专利的责任。

本文件由宁夏回族自治区科技厅提出。

本文件由宁夏回族自治区农学会归口。

本文件起草单位：宁夏回族自治区农业环境保护监测站、宁夏回族自治区畜牧工作站、宁夏大学、宁夏农垦乳业股份有限公司、宁夏金宇浩兴农牧业股份有限公司、思威博（北京）生物科技有限公司。

本文件主要起草人：李世忠、徐坤、温万、朱继红、毛春春、厉龙、张宇、马建军、王君梅、郝峰、陈建国、沈吉丽、傅瑶、张睿、王犬有、马磊、李肖、田佳、刘维华、周佳敏、刘超、蒋秋斐、许立华、路婷婷、马苗苗、侯丽娥、贾泽霖、田敬国。

宁夏规模奶牛场废水黑膜厌氧沼气工程技术规程

1 范围

本文件规定了规模奶牛场废水黑膜厌氧沼气工程的术语和定义、总体要求、工程选址与布局、工艺设计、组织施工、运行与维护。

本文件适用于宁夏规模奶牛场黑膜厌氧沼气池处理养殖废水的工程设计、建设与运维管理。

2 规范性引用文件

下列文件中的内容通过文中的规范性引用而构成本文件必不可少的条款。其中，注日期的引用文件，仅该日期对应的版本适用于本文件；不注日期的引用文件，其最新版本（包括所有的修改单）适用于本文件。

GB/T 3836.1 爆炸性环境 第1部分：设备 通用要求

GB 50011 建筑抗震设计规范

GB 50014 室外排水设计规范

GB 50016 建筑设计防火规范

GB 50057 建筑物防雷设计规范

GB 50236 现场设备、工业管道焊接工程施工规范

GB 50268 给水排水管道工程施工验收规范

GB 50286 堤防工程设计规范

GB 50330 建筑边坡工程技术规范

CJJ 113 生活垃圾卫生填埋场防渗系统工程技术规范

CJ/T 234 垃圾填埋场用高密度聚乙烯土工膜

HJ/T 250 环境保护产品技术要求 旋转式细格栅

HJ/T 262 环境保护产品技术要求 格栅除污机

JB/T 11379 粪便消纳站固液分离设备

NY/T 1220.2 沼气式程技术规范 第2部分：输配系统设计

NY/T 1221 规模化畜禽养殖场沼气工程运行、维护及其安全技术规程

NY/T 2374 沼气工程沼液沼渣后处理技术规范

NY/T 3437 沼气工程安全管理规范

3 术语和定义

下列术话和定义适用于本文件。

3.1 黑膜厌氧沼气池（Black membrane anaerobic biogas digester）

通过锚固沟将沼气池底部铺设的HDPE膜和顶上加盖的HDPE膜四周固定密封，形成具有厌氧发酵、气体贮存功能的养殖废水处理设施。

3.2 HDPE膜（High density polyethylene membrane）

以高密度聚乙烯树脂为原料生产的一种具有防渗防漏功能的塑料卷材。

3.3 锚固沟（Anchorage ditch）

围绕沼气池周边开挖的具有一定深度，用于固定HDPE底膜和顶膜的槽体。

3.4 废水（Wastewater）

泌乳牛舍的粪尿及奶厅污水。

4 总体要求

4.1 黑膜厌氧沼气工程的设计应符合当地总体规划，应与当地客观实际紧密结合。
4.2 黑膜厌氧沼气工程工艺的设计应以奶牛场废水资源化、无害化利用为目标，实行清洁生产。
4.3 黑膜厌氧沼气池中用于厌氧发酵的主要原料为奶牛场泌乳牛舍粪尿及奶厅污水，严禁混入其他有毒、有害污水或污泥。
4.4 黑膜厌氧沼气工程设计应充分利用沼气，充分考虑沼液、沼渣就近还田利用。
4.5 黑膜厌氧沼气工程设计应充分考虑生产安全，设计必要的安全设施、安全标识和报警系统。
4.6 黑膜厌氧沼气工程设计应由具有沼气工程相关设计资质的单位承担。

5 工程选址与布局

5.1 工程选址

黑膜厌氧沼气废水处理工程选址应考虑奶牛场整个生产系统的规划和要求，并满足以下条件：
a）在奶牛场生产区、生活区和附近居民区常年主导风向的下风向或侧风向；
b）在奶牛场的标高较低处；
c）工程地质条件符合工程建设要求；
d）满足防疫和环保距离要求；
e）有便利的交通运输和供水、供电条件。

5.2 总体布局

黑膜厌氧沼气废水处理工程总体布局应考虑奶牛场远期生产规模扩展的可能性，并满足以下条件：
a）总体布局应满足沼气工程工艺的要求，布置紧凑，便于施工、运行和管理；
b）竖向设计应充分利用原有地形坡度，并达到排水畅通、降低能耗、土方平衡的要求；
c）平面布置应考虑附属建筑物集中布局且与生产设备和处理构筑物保持一定距离，应设置沼渣等物料堆放的场地和沼液存贮池，应留有机动车进出通道和各建筑物间的连接通道；
d）各种管线应全面布局，避免迂回曲折和相互干扰，输送污水、污泥和沼气的管线布置应尽量减少管道弯头，各种管线应用不同颜色加以区别；
e）沼气工程外围应设围墙（栏），高度≥5 m；
f）沼气工程应有保温防冻措施；
g）沼气池设施安全、抗震、防爆、防雷与接地应符合GB 50011、GB 50016、GB 50057、GB/T 3836.1、NY/T 1221、NY/T 3437规定，并设置易燃易爆等危险标识。

6 工艺设计

6.1 工艺流程

工艺流程见图1。

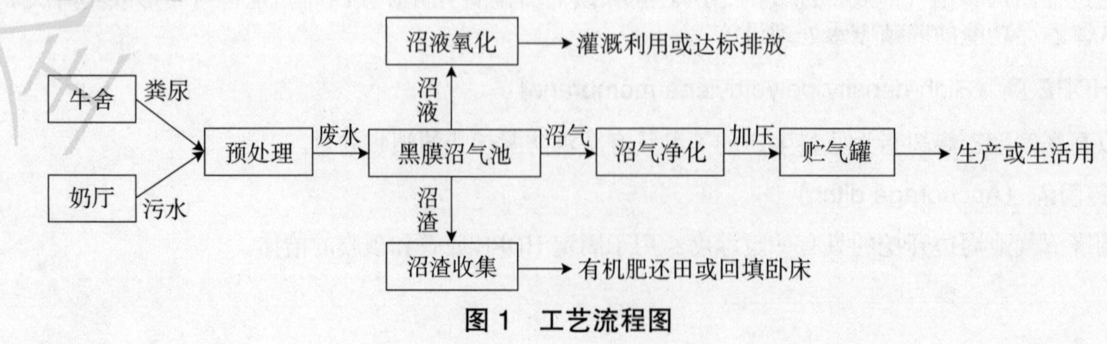

图1 工艺流程图

6.2 预处理

粪尿和奶厅废水分别通过吸粪车运输和地下管网分流至污水收集池内，利用搅拌机混合搅拌后进入沉砂池，沉砂后的粪污进入二级收集池，利用泵将二级收集池粪污抽至黑膜沼气池。整个预处理工艺宜采用格栅、收集池、固液分离等，格栅和筛网的设计应符合 GB 50014、HJ/T 250、HJ/T 262 中的相关要求，固液分离设备的选用应符合 GB 50014、JB/T 11379 中的相关要求。

6.3 黑膜沼气池

6.3.1 容积

黑膜沼气池容积一般按存栏 1 头奶牛建 1 m^3 沼气池设计；或按奶牛场日产污量进行设计，推荐水力停留时间 45~60 d，按照公式（1）计算：

$$V = Q \cdot T_{HRT} \qquad \text{公式（1）}$$

式中，V 为黑膜沼气池容积，单位立方米（m^3）；Q 为设计流量，单位立方米每天（m^3/d）；T_{HRT} 为黑膜沼气池水力停留时间，单位天（d）。

6.3.2 结构

黑膜沼气池基槽形状以长方形为宜，容积小于 1 000 m^3 基槽深度在 2.5 m 为宜，容积大于 1 000 m^3 基槽深度可适当增加；沼气池顶膜和底膜形状基本对称，容积相当，沼气理论最大存气量计算见附录A。

6.3.3 边坡

边坡工程中总体设计规范、工程勘察、边坡稳定性评级以及侧向土压计算应符合 GB 50330 中的相关规定。工程场地有放坡条件，但无不良地质作用时宜采用坡率法设计边坡，边坡坡率取值见附录B。

6.3.4 防渗

防渗系统总体应符合 GB 50286 和 CJJ 113 规定。

6.3.5 管道

黑膜沼气池管道涉及进水管、排水管、排渣管、输气管，管道设计应符合以下要求：

a）进水管宜布设于池体短边，从坝顶进入池内紧贴池壁，由主管道分成若干平行支管，达到均匀布水的目的；

b）排水管宜与进水管对称布设，铺设标高低于液位 20~30 cm，总截面大于进水管；

c）排渣管在池底部平行排列，可在主管上设支管或在管体上开孔增大排渣范围，采用虹吸或重力排渣（泥）；

d）输气管高于液面沿池边环旳间隔布设，管道打孔确保产生沼气及时吸收输出。

6.3.6 保温

黑膜沼气池底部应布置供暖管网，热源应充分利用沼气，保证北方冬季厌氧发酵正常。

6.3.7 覆膜

黑膜沼气池底部宜采用 1.0 mm HDPE 膜，顶部宜采用 1.5 mm HDPE 膜。

6.3.8 锚固沟

锚固沟与内壁边缘保留距离不小于 1.5 m，深度不小于 1.0 m，宽度不小于 0.8 m，阴阳角处应做圆角过渡。

6.3.9 搅拌装置

黑膜沼气池内应布置液体循环搅拌泵，促进底部积攒气体释放，满足后期沼气池清理强制抽渣。

6.4 沼液沼渣

沼液沼渣处理应符合 NY/T 2374 规定。

6.5　沼气净化

沼气净化处理应符合 NY/T 1220.2 规定。

7　组织施工

7.1　一般规定

施工应符合 GB 50236、GB 50268、GB 50286、GB 50330 规定。

7.2　施工流程

7.2.1　施工流程图

施工流程见图 2。

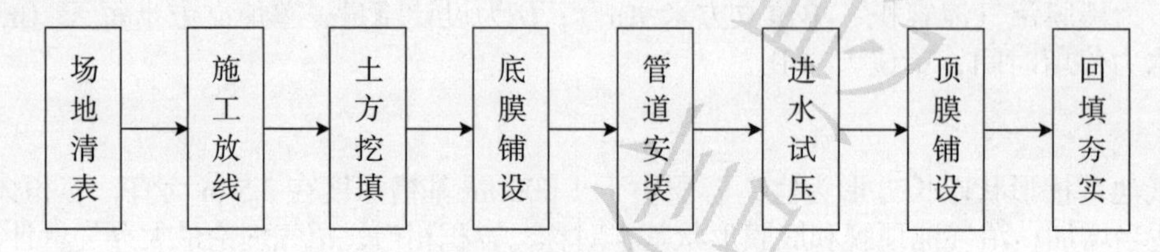

图 2　施工流程图

7.2.2　场地清表

场地清表范围宜大于构筑物外边线 3 m；清表深度不小于 20 cm，达到表面无根类、无石块和无腐殖质。

7.2.3　施工放线

施工放线要控制标高，以少挖多填为原则，定好少挖线和多填线；放线时须考虑坝体宽度，预留施工和走道宽度。

7.2.4　土方挖填

土方挖填施工步骤包括挖、填、刷、压。施工过程中需要注意以下几点：

a) 按少挖线开挖，按多填线填埋，要求开挖、填埋土方基本平衡；
b) 挖到设计标高后，对少挖与多填的土方进行刷坡作业，然后填土至坝顶设计标高；
c) 分层压实时每层虚土厚度不超过 0.3 m，放坡系数范围保证在 1~3，应采用机械压实；
d) 在坝体压实到出水管顶标高时开槽，进行铺设和回填，继续分层压实；
e) 利用压路机对池底、坝顶最少碾压 2 遍，震压 1 遍，压实系数≥95%，表面无硬物，素土覆面。压实后对基层平整，不得有树根、瓦砾、钢筋头等可能损伤衬垫的杂物。

7.2.5　底膜铺设

7.2.5.1　环境条件

防渗材料应符合 CJ/T 234 规定。底膜铺设前应具备以下环境条件：

a) 气温一般宜在 5℃以上，若在低温条件下施工，土工膜应适度张紧，在高温条件下施工，土工膜应适度放松；池底与内边坡交接处可留 200 mm 高褶皱膜；
b) 风力应在 4 级以下，底膜铺设完成应进行固定。

7.2.5.2　铺设和焊接

底膜铺设和焊接应符合以下要求：

a) 铺设前，先根据铺设区域进行丈量剪裁，应减少焊缝；
b) 坝坡纵向接头距离坡脚、弯角处宜大于 1.5 m，应设在池底平面上；
c) 坡脚及四边预留 1.5%的余量；
d) 铺设高密度聚乙烯土工膜时，膜块间形成的节点应为 T 字形，不得为十字形节点；

e）当土工膜长度不够时，需要长向拼接，应先焊横缝再焊纵缝，不得十字交叉，在池壁上不宜横向焊接；

f）焊缝不得有滑焊、跳走现象，应平直，在拐角及畸形地段应避免出现焊缝；

g）T字形焊缝需要做加强处理，可采用T字形加强或是椭圆补丁加强，确保无渗漏；

h）打磨时要做到挤压焊接宽度与打磨宽度一致，不应超出区域随意打磨；

i）底膜铺设完成后应开展验收，对焊接工艺进行外观检查，采用充气法、真空法对每条焊缝进行检查，确保焊缝整齐平直、连接平滑、结合精密。

7.2.6 管道安装与焊接

7.2.6.1 管道安装

池内管道宜使用聚乙烯（PE）材质管道，便于与底膜焊接，安装时应注意以下几点：

a）管道安装前与管道有关土建和连接设备已就绪；

b）管道安装应横平竖直；

c）管道安装时，管道组成件、法兰、阀门和连接设备应选用配对的类型、标准和等级；

d）管道安装完毕，应按设计要求进行水压或气压试验，试压过程中，不能敲击管子，开启和关闭阀件要缓慢；

e）埋地管道在试压合格并采取防腐措施后，应及时回填土。

7.2.6.2 管道与底膜焊接

管道与底膜的焊接应注意以下几点：

a）提前预制HDPE膜材质管套，并进行防漏实验；

b）管道穿过底膜需要用双层管套焊接，第1层管套与底膜用双轨焊机焊接，管套与管道使用单轨焊机热熔，并对单轨热熔焊缝进行加强处理；第2层管套与管道用挤压焊机焊接，并用管箍固定。

c）管套先与管道焊接，再与底膜焊接。

7.2.7 进水试压试验

底膜铺设完成后应进行进水试压试验，注水检查若发现水位下降、膜下泥土松软等现象，须抽水重新检查，重复以上步骤，直到试验通过。

7.2.8 顶膜铺设

顶膜铺设应在池内液位达到设计高度时开始，顶膜整体焊接后覆盖水面上，周边与底膜共用锚固沟进行锚固。

7.2.9 锚固沟回填压实

锚固沟回填时底膜与顶膜之间应填充一定厚度土层，回填过程中需要分层淋水压实，回填完成后淋水放置一段时间再进行下一步工序。

8 运行与维护

8.1 运行

8.1.1 前期准备

黑膜沼气池HDPE防渗膜铺设完成，进水、出水、排泥、沼气管道连接完成，试压试漏完成后，开始进入初期运行阶段。

8.1.2 初期运行

检查水泵、管材、阀门等设备，设备正常运行，黑膜沼气池开始进水，运行过程中，定期打开排渣（泥）阀门进行排泥操作；出水管开始出水后，每日观察黑膜沼气池出水水质。

8.1.3 稳定运行

黑膜沼气池正常进水运行，定期进行排渣（泥），观察出水情况，对出水水质取样检测；池内开始产气后，关注顶膜鼓起高度，及时连接沼气利用设施，保证沼气及时利用。

8.2 维护

维护应遵循以下规定：

a）定期检修、保养水泵、管材等设备，保证设备正常工作，严禁带病作业；

b）每日巡查顶膜，发现破损立即处理，避免沼气外泄产生安全隐患；

c）每日巡查沼气管道，避免堵塞及漏气；

d）定期巡查池体雨水冲刷、渗水、混凝土开裂等风险，及时修复。

8.3 运行安全

运行安全注意事项如下：

a）黑膜沼气池水平 30 m 范围内严禁烟火，严禁锯焊等易出现火花的操作；

b）黑膜沼气池距离沼气利用设施不得低于 50 m，距离高低压输电线不得低于 50 m；

c）HDPE 膜 2.0 m 范围内不能有尖锐物体；

d）黑膜沼气池旁应设置警示牌，整体完工后四周应设置围栏，避免人员在沼气池范围内活动。

附 录 A
（规范性）
理论最大存气量计算

A.1 以抛物线模型计算理论最大存气量

当黑膜沼气池达到理论最大存气量时，其纵向剖面近似为抛物线。假设某黑膜沼气池工艺有如下参数：

a）不计顶膜自重，按照内外气压一致，顶膜完全鼓起时高度限值为 3 m；

b）以池顶内边长宽比 2∶1，长度 98.9 m，宽度 49.45 m 为例；

抛物线各参数按照以上参数取值时，模拟纵向剖面抛物线模型如图 A. 1。模拟该纵向剖面抛物线公式见公式（A.1），纵向剖面抛物线面积按照公式（A.2）计算，理论最大存气量按照公式（A.3）计算。

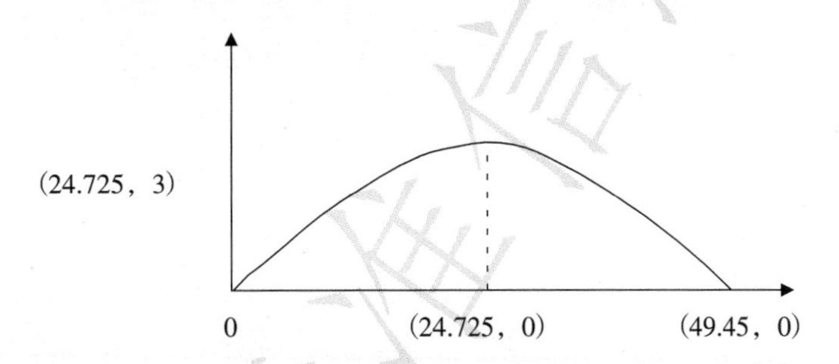

图 A.1 抛物线模型图

$$f(x) = -0.004\,9x^2 + 0.242x \qquad 公式（A.1）$$

$$S = 2 \times \int_0^{24.725} f(x) \qquad 公式（A.2）$$

$$V = S \times h \qquad 公式（A.3）$$

式中，S 为纵向剖面抛物线面积，单位平方米（m^2）；V 为理论存气量，单位立方米（m^3）；h 为池顶长度，单位米(m)。

A.2 以圆弧模型计算理论最大存气量

当黑膜沼气池达到理论最大存气量时，其纵向剖面近似为圆弧，假设条件和参数选取同 A.1，模拟圆弧的模型如图 A.2。通过计算圆弧中弓形的面积计算理论最大存气量，弓形面积按照公式（A.4）计算，理论最大存气量按照公式（A.5）计算。

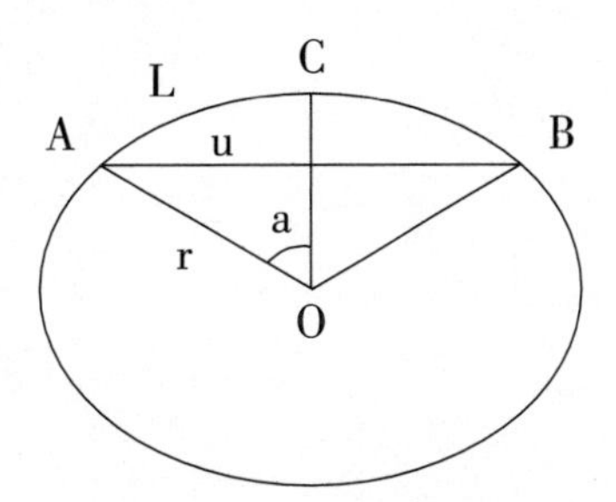

图 A.2 圆弧模型图

$$S=\frac{\pi \alpha r^2}{180}-\cos\alpha \qquad 公式（A.4）$$

$$V = S \times h \qquad \text{公式（A.5）}$$

式中，S 为纵向剖面弓形面积，单位平方米（m^2）；α 为圆心角，单位度（°）；r 为半径，单位米（m）；u 为半弦长，单位米（m）；V 为理论存气量，单位立方米（m^3）；h 为池顶长度，单位米（m）。

附 录 B
（规范性）
边坡坡率取值

B.1 土质边坡

土质边坡的坡率允许值应根据工程经验，按工程类比原则并结合已有稳定边坡的坡率值分析确定；当无经验且土质均匀良好、地下水贫乏、无不良地质作用和地质环境简单时，边坡坡率允许值可按表B.1 确定。

表B.1 土质边坡坡率允许值

边坡土体类别	状态	坡率允许值（高宽比）	
		坡高<5 m	5 m ≤坡高<10 m
碎石土	密实	1：0.35~1：0.50	1：0.50~1：0.75
	中密	1：0.50~1：0.75	1：0.75~1：1.00
	稍密	1：0.75~1：1.00	1：1.00~1：1.25
黏性土	坚硬	1：0.75~1：1.00	1：1.00~1：1.25
	密塑	1：1.00~1：1.25	1：1.25~1：1.50

注：对于砂土或填充物为砂土的碎石土进行边坡作业时，其边坡坡率允许值应按砂土或碎石土的自然休止角确定。

B.2 岩质边坡

土质边坡的坡率允许值应根据工程经验，按工程类比原则并结合已有稳定边坡的坡率值分析确定；对于无外倾软弱构面的边坡，边坡坡率允许值可按表 B.2 确定。

表 B.2 岩质边坡坡率允许值

边坡岩体类别	状态	坡率允许值（高竟比）	
		坡高<8 m	8 m≤ 坡高<15 m
Ⅰ类	未（微）风化	1：0.00~1：0.10	1：0.10~1：0.15
	中等风化	1：0.10~1：0.15	1：0.15~1：0.25
Ⅱ类	未（微）风化	1：0.10~1：0.15	1：0.15~1：0.25
	中等风化	1：0.15~1：0.25	1：0.25~1：0.35
Ⅲ类	未（微）风化	1：0.25~1：0.35	1：0.35~1：0.50
	中等风化	1：0.35~1：0.50	1：0.50~1：0.75
Ⅴ类	中等风化	1：0.50~1：0.75	1：0.75~1：1.00
	强风化	1：0.75~1：1.00	—

注：填土边坡的坡率允许值应根据边坡稳定性计算结果并结合地区经验确定。

ICS 65.020.30
CCS A0311

T/NAASS

宁 夏 回 族 自 治 区 农 学 会 团 体 标 准

T/NAASS 037—2022

宁夏规模奶牛场病死动物及危化废弃物无害化处理技术规范

Technical specification for harmless treatment of illness animals and hazardous waste in Scale dairy farms of NingXia

2022 – 11 – 13 发布　　2022 – 12 – 17 实施

宁夏回族自治区农学会　　发 布

前　言

本文件按照 GB/T 1.1—2020《标准化工作导则　第 1 部分：标准化文件的结构和起草规则》的规定起草。

专利免责声明：本文件的某些内容可能涉及专利，本文件的发布机构不承担识别专利的责任。

本文件由宁夏回族自治区科技厅提出。

本文件由宁夏回族自治区农学会归口。

本文件起草单位：宁夏回族自治区畜牧工作站、宁夏回族自治区动物卫生监督所、宁夏回族自治区兽药饲料监察所、宁夏回族自治区农业环境保护监测站、宁夏大学、宁夏农垦乳业股份有限公司。

本文件主要起草人：朱继红、温万、武占银、李世忠、张凌青、郝峰、毛春春、厉龙、张艳梅、马苗苗、田佳、刘超、张静雯、虎雪姣、刘维华、张栋、周佳敏、脱征军、张宇、袁苏雅、许立华、王琨、李委奇、路婷婷、侯丽娥、任宇佳、朱继梅、沙龙、田晓蕾。

宁夏规模奶牛场病死动物及危化废弃物无害化处理技术规范

1 范围

本文件规定了宁夏规模奶牛场病死动物和危化废弃物处理的术语和定义、病死动物无害化处理、危化废弃物无害化处理技术要求。

本文件适用于宁夏规模奶牛场病死动物及危化废弃物的无害化处理，其他奶牛场参照执行。

2 规范性引用文件

下列文件中的内容通过文中的规范性引用而构成本文件必不可少的条款。其中，注日期的引用文件，仅该日期对应的版本适用于本文件；不注日期的引用文件，其最新版本（包括所有的修改单）适用于本文件。

GB 18597 危险废物贮存污染控制标准

GB 19217 医疗废物转运车技术要求 (试行)

HJ 421-2008 医疗废弃物专用包装物、容器的标准和警示标识的规定

DB65/T 4124-2018 病死动物无害化处理技术规程

3 术语和定义

下列术语和定义适用于本文件。

3.1 病死动物（Sick and dead animals）

本标准所指的病死动物是指因病、自然灾害、应激反应、物理挤压等因素引起死亡的奶牛，包括死胎、木乃伊胎及胎衣等可能危害人体或者动物健康的妊娠附属产物。

3.2 危化废弃物（Hazardous waste）

指根据国家统一规定的方法鉴别认定的具有易燃性、爆炸性、腐蚀性、化学反应性、传染性之一性质的，对人体健康和环境能造成危害的固态、半固态和液态废物。

3.3 无害化处理（Non-hazardous treatment）

指采用物理、化学、生物等方法，处理奶牛场医疗废弃物、病死动物尸体及相关附属产物，消灭其所携带的病原体，消除危害的过程。

（来源：DB65/T 4124-2018，3.1，有修改）

4 病死动物无害化处理

4.1 处理原则

病死动物无害化处理应遵循“就近、及时、安全、高效、环保、节能”原则。

4.2 处理方法

应按照农业部《病死及病害动物无害化处理技术规范》（农医发〔2017〕25 号）规定执行。

4.3 暂存

4.3.1 规模奶牛场应设置病死畜暂存间，暂存间应能防水、防渗、防鼠、防盗，易于清洗和消毒。

4.3.2 应采用冷冻或冷藏的方式进行暂存，暂存时间不应超过 72 h，防止无害化处理前腐败。

4.3.3 暂存间容积、尺寸应与场区 72 h 内需要处理的病死动物的体积、数量相匹配。

4.3.4 暂存间应设置在全场常年主导风向的下风向和地势较低处，与生产净区保持一定距离。

4.3.5　暂存间应设置明显警示标识，暂存物集中拉运处理后，应立即对暂存间及周边环境进行彻底消毒。
4.3.6　规模奶牛场应制定病死动物处置的规章制度和发生意外事故时的应急预案。

4.4　转运

4.4.1　转运车辆应符合 GB 19217 规定，车厢内部应使用防腐蚀材料，并采取防渗措施。
4.4.2　车辆驶离暂存间、奶牛场等场所前应对车辆进行全方位消毒。
4.4.3　转运车辆应有明显标识，并加装车载定位系统，记录转运时间和路径等信息。
4.4.4　卸载后，应对转运车辆及相关工具进行彻底消毒。

4.5　记录

4.5.1　应详细记录病死动物的数量、耳标号、死亡原因、处理方式、处理时间、操作人员等，并经养殖场相关负责人审核、签字后拍照留存。
4.5.2　涉及病死动物无害化处理及消毒的台账、记录及转运单等应至少保存 2 年。

4.6　其他要求

4.6.1　病死动物收集、暂存、转运、无害化处理操作的工作人员应经过相关法律、法规和专业技术、安全防护以及紧急处理等专门的培训，掌握相应的动物防疫知识。
4.6.2　奶牛场应配备专用的收集、转运、清洗工具和消毒器材等。
4.6.3　在病死动物收集、转运、无害化过程中，工作人员应穿戴防护服、口罩、一次性鞋套和手套等防 护用具。工作结束后应对一次性防护用具进行统一收集或销毁处置，对循环使用的防护用品进行消毒处理。

5　危化废弃物无害化处理

5.1　分类

奶牛场危化废弃物分类见表 1。

表 1　奶牛场危化废弃物分类

类别	特征	常见分组	示例
感染性废弃物	携带病原微生物具有引发感染性 疾病传播危险的医疗废弃物	病官血液、体液、排泄物及其污染的物品	盛放容器；废弃血液、体液、血清及剖检动物的组织样品及器官；使用过的一次性医疗用品等
损伤性废弃物	能够刺伤或割伤人体的废弃的医用锐器	各种医用锐器	包括手术刀、解剖刀、剪子、注射器及玻璃碎片等
药物性废弃物	过期、淘汰或被污染的废弃药品	废弃的一般药品、生物制品等	抗病毒、抗寄生虫药等；过期或淘汰疫苗等
化学性废弃物	具有毒性、腐蚀性、易燃易爆性的废弃的化学物品	废弃的化学试剂、化学消毒剂、温度计等	废弃的消毒剂；废弃药浴液、机油；废弃的汞温度计等

5.2　处理原则

应按照国家或者地方法规的要求定期交给取得危险废物经营许可证资质的单位进行无害化处理。

5.3　收集

5.3.1　收集要求

5.3.1.1　规模奶牛场危化废弃物应分类存放，存放危化废弃物的包装物或者容器应符合 HJ 421-2008 规定。
5.3.1.2　盛装危化废弃物之前，应对包装物或者容器进行认真检查，确保无破损、渗漏和其他缺陷。
5.3.1.3　盛装危化废弃物的每个包装物、容器外表应贴有警示标识和标签，标签内容应包括废弃物产生单位、产生日期、类别及需要的特殊说明等。

5.3.1.4 放入包装物或者容器内的感染性废弃物、损伤性废弃物不得取出。

5.3.2 收集方法

不同的废弃物按照不同的方式收集，收集后贴好标签，统一运送到暂存点，具体收集方式见表 2。

表 2 危化废弃物的收集方法

<table>
<tr><th colspan="2">类别</th><th>收集方法</th></tr>
<tr><td rowspan="2">感染性废弃物</td><td>被病畜血液、体液、排泄物污染的物品</td><td>应直接放入医疗废弃物专用包装袋，当盛满 3/4 时，用有效封口方式使专用包装袋封口严密、紧实</td></tr>
<tr><td>废弃血液、血清样本</td><td>应装入有盖的容器，盖紧，用双层医疗废弃物专用包装袋，密闭包装</td></tr>
<tr><td colspan="2">损伤性废弃物</td><td>放入医疗废弃物专用锐器盒，装满 3/4 后贴标签，锐器盒密闭后不得再打开</td></tr>
<tr><td colspan="2">药物性废弃物</td><td>废弃的药品应装入医疗废弃物专用包装袋，密闭包装，并特别注明</td></tr>
<tr><td colspan="2">化学性废弃物</td><td>用医疗废弃物专用容器密闭盛放，再交由规定的部门进行处置。废弃容器应排空内容物，按照生活垃圾分类收集体系进行分类收集</td></tr>
</table>

5.4 暂存

5.4.1 规模养殖场应建立危化废弃物暂存间或专用暂存箱存放地，并制定暂存管理的有关规章制度、工作程序及应急处理措施。

5.4.2 暂存间应与生活区、办公区隔开，且方便运送车辆的出入。同时，与生活垃圾存放地分开，地基高度应按照有关部门规定设置，确保设施内不受雨水冲击或浸泡。

5.4.3 暂存间有良好的照明设备和通风条件，以及防火、防鼠、防虫、防盗、防渗漏等安全措施；应设专人管理，避免非工作人员进出，应当定期对暂存间及周边环境进行彻底消毒。

5.4.4 暂存间外的明显处应设置警示标识，不得露天存放。

5.4.5 暂存箱（柜）应用金属或硬质塑料制作，具有防雨淋的装置，密闭防渗漏；应与生活垃圾存放地分开。

5.4.6 废弃血样、血清及剖检的内脏器官等废弃物应当低温贮存。

5.5 转运

5.5.1 规模奶牛场应当按照《中华人民共和国固体废弃物污染环境防治法》（2020 年修订稿）的规定，执行危险废弃物转移联单管理制度。

5.5.2 危化废弃物转运车辆和硬质密闭容器表面应标有警示标识和文字说明；应当防渗漏、防遗洒、无锐利边角、易于清洗消毒。

5.5.3 转运过程应当密闭。转运完毕后，应对转运车辆、暂存间及相关工具进行彻底消毒，并做好消毒记录。

5.6 记录

5.6.1 应详细记录危化废弃物的重量、来源、种类、交接时间、处理方式、去向、操作人员等，并经养殖场相关负责人审核、签字后留存。

5.6.2 涉及危化废弃物处理及消毒清洗的台账、记录及转运单等应至少保存 2 年。

参 考 文 献

[1] 《病死及病害动物无害化处理技术规范》（农医发〔2017〕25号）
[2] 《关于印发医疗废物分类目录（2021年版）的通知》（国卫医函〔2021〕238号）
[3] 《国家危险废弃物名录（2021年版）》
[4] 《关于进一步加强病死畜禽无害化处理工作的通知》（宁农（牧）发〔2020〕24号）

ICS 65.020.30
CCS A0311

T/NAASS

宁夏回族自治区农学会团体标准

T/NAASS 038—2022

宁夏规模奶牛场奶厅废水处理技术规范

Technical specification for wastewater treatment in dairy hall of Ningxia scale dairy farm

2022-11-13 发布 2022-12-17 实施

宁夏回族自治区农学会 发 布

前　言

本文件按照 GB/T 1.1—2020《标准化工作导则　第 1 部分：标准化文件的结构和起草规则》的规定起草。

请注意本文件的某些内容可能涉及专利。本文件的发布机构不承担识别专利的责任。

本文件由宁夏回族自治区科技厅提出。

本文件由宁夏回族自治区农学会归口。

本文件起草单位：宁夏农垦乳业股份有限公司、宁夏回族自治区畜牧工作站、宁夏回族自治区兽药饲料监察所、宁夏回族自治区农业环境保护监测站、宁夏大学、石嘴山市畜牧水产技术推广服务中心、石嘴山市惠农区动物疾病预防控制中心。

本文件主要起草人：郝峰、李肖、厉龙、李艳艳、张立强、韩丽云、李世忠、虎雪姣、任宇佳、刘超、朱继红、毛春春、蒋秋斐、张婚雯、田佳、温万、刘维华、周佳敏、徐寒、许立华、赵洪喜、余永涛、路婷婷、马苗苗、侯丽娥、樊东、刘华、曹伟、郑小彭、陈思思。

宁夏规模奶牛场奶厅废水处理技术规程

1 范围

本文件规定了宁夏规模奶牛场奶厅废水处理的术语和定义、奶厅废水来源、奶厅废水处理工艺流程、奶厅废水排放要求、出水水质标准、监测与分析方法、水质控制项目限制。

本文件适用于宁夏规模奶牛场奶厅废水处理。

2 规范性引用文件

下列文件中的内容通过文中的规范性引用而构成本文件必不可少的条款。其中，注日期的引用文件，仅该日期对应的版本适用于本文件；不注日期的引用文件，其最新版本（包括所有的修改单）适用于本文件。

GB 5084 农田灌溉水质标准
GB 7494 水质 阴离子表面活性剂的测定 亚甲蓝分光光度法
GB 11896 水质 氯化物的测定 硝酸银滴定法
GB 11901 水质 悬浮物的测定 重量法
GB 13195 水质 水温的测定 温度计或颠倒温度计测定法
GB/T 16489 水质 硫化物的测定 亚甲基蓝分光光度法
GB 18596 畜禽养殖业污染物排放标准
HJ/T81 畜禽粪便还田技术规范
HJ 505 水质 五日生化需氧量（BOD5）的测定 稀释与接种法
HJ 828 水质 化学需氧量的测定 重铬酸盐法
HJ 1147 水质 pH 值的测定 电极法

3 术语和定义

下列术语和定义适用于本标准

3.1 奶厅废水（Dairy wastewater）

在奶牛场挤奶过程中产生的 CIP 清洗水、转盘清洗用水、冲洗奶杯用水和牛蹄浴等用水以及生活污水。

3.2 CIP 清洗水（Water of clean in place）

即挤奶厅原位清洗水，是指对挤奶厅牛只通过水冲洗、碱液洗和终淋产生的废水。

3.3 预处理（Pretreatment）

奶厅废水收集后通过机械分离方式筛除大颗粒及悬浮物质，降低后续处理难度。

3.4 厌氧好氧工艺（Technology of anaerobic and oxic）

即 AO工艺，A（Anaerobic）是缺氧段，用于脱氮；O（Oxic）是好氧段，用于除水中的有机物，缺氧好氧共同作用除磷。

3.5 调节池（Equalizati on basin）

用于均和水质，调节进入生化池水质要求的池体。

3.6 生化池（Biochemical pond）

采用生化集成水力澄清出水的一体化池。主要利用微生物的新陈代谢功能去除养殖废水中大部分的 COD 和悬浮物。生化出水经澄清区悬浮泥渣层过滤出水池体。

4 奶厅废水来源

4.1 挤奶区废水

挤奶过程中产生的 CIP 清洗水、转盘清洗用水、冲洗奶杯用水和牛蹄浴。

4. 2 生活污水

牧场职工生产生活过程中产生的污水。

5 奶厅废水处理工艺流程

5.1 奶厅废水处理工艺流程图

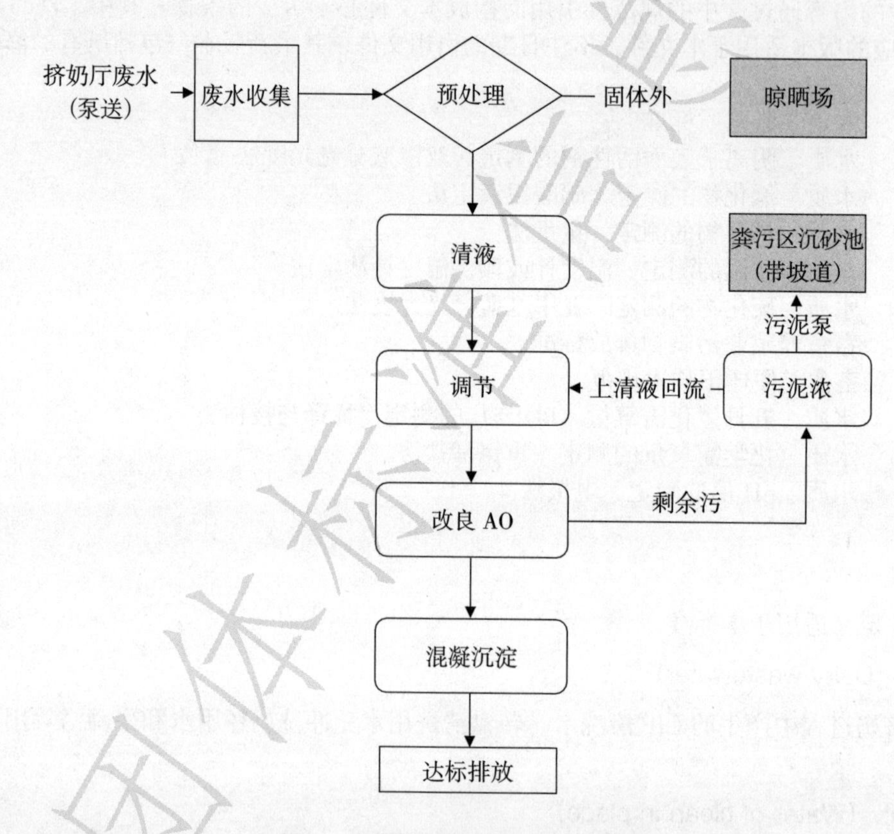

图 1 奶厅废水处理工艺流程图

5.2 预处理

按照HJ/T81 规定，挤奶厅废水泵送至废水收集池，污水集水井入口前设置一台高目数分筛机去除污水中的悬浮物质，截留的悬浮物送入粪水处理系统，清液进入清液池。通过调节筛网目数，调节出料浓度。

5.3 调节均质

通过清液池泵送至调节池，存盈补缺，均和水质，保证进水水质较低时后续生化池的水质需求。

5.4 生化处理

通过提升泵进入生化池，在改良 AO 生化池内利用微生物的新陈代谢功能去除养殖废水中大部分的 COD 和总氮，完成 COD、悬浮物、总氮含量的去除后自流进入混凝沉淀池。池体内采用曝气技术，曝气设备均匀分布在池底，通过气提技术达到一个高回流比，稀释进水中的污染物浓度，减少活性污泥的污染物负荷，为微生物的生长和繁殖提供一个更加稳定的环境，全池保持低溶解氧状态，为各种微生物提供最佳生存环境，保持生化活性，提升脱氮除磷功能。

5.5 混凝沉淀、出水

改良 AO 生化池出水在混凝沉淀池混凝、沉淀后回用冲洗或灌溉林地。

6 奶厅废水排放要求

应符合 GB 18596 规定。

7 出水水质标准

水质应符合 GB 5084 规定，本文件水质基本控制项目部分限值见附录 A。

8 监测与分析方法

8.1 检测方法

农田灌溉水质基本控制项目和选择控制项目的监测布点和采样方法应符合 NY/T 396 规定。

8.2 分析方法

本文件部分控制项目分析方法按附录 B 执行。

9 水质控制项目限制

参照 GB 5084 农田灌溉水质选择控制项目限制表。

附　录　A
（规范性附录）
农田灌溉水质基本控制项目部分限值

A.1　农田灌溉水质基本控制项目部分限值表

序号	项目类别		作物种类		
			水田作物	旱地作物	蔬菜
1	pH 值		5.5~8.5		
2	水温（℃）	≤	35		
3	悬浮物（mg/L）	≤	80	100	60[a]，5[b]
4	五日生化需氧量（BOD_5）（mg/L）	≤	60	100	40[a]，15[b]
5	化学需氧量（CODcr）（mg/L）	≤	150	200	100[a]，60[b]
6	阴离子表面活性剂（mg/L）	≤	5	8	5
7	氯化物（以 Cl^- 计）（mg/L）	≤	350		
8	硫化物（S^{2-} 计）（mg/L）	≤	1		

[a] 加工、烹饪及去皮蔬菜
[b] 生食类蔬菜、瓜类及草本水果

附　录　B
（规范性附录）
农田灌溉水质控制项目分析方法

B.1　农田灌溉水质控制项目分析方法

序号	分析项目	标准名称	标准编号
1	pH值	水质 pH值的测定　电极法	HJ 1147
2	水温	水质　水温的测定　温度计或颠倒温度计测定法	GB 13195
3	悬浮物	水质　悬浮物的测定　真量法	GB 11901
4	五日生化需氧量（BOD5）	水质　五日生化需氧量（BOD5）的测定　稀释与接种法	HJ 505
5	化学需氧量（CODCr）	水质　化学需氧量的测定　重铬酸盐法	HJ 828
6	阴离子表面活性剂	水质　阴离子表面活性剂的测定　亚甲蓝分光光度法	GB 7494
7	氯化物	水质　氯化物的测定　硝酸银滴定法	GB 11896
8	硫化物	水质　硫化物的测定　亚甲基蓝分光光度法	GB/T 16489

ICS 65.020.30
CCS A0311

T/NAASS

宁夏回族自治区农学会团体标准

T/NAASS 039—2022

宁夏规模奶牛场粪水处理还田利用技术规程

Technical specification for manure water treatment and return to field utilization in Ningxia large-scale dairy farm

2022－11－13 发布　　2022－12－17 实施

宁夏回族自治区农学会　发布

前　言

本文件按照 GB/T 1.1—2020《标准化工作导则　第 1 部分：标准化文件的结构和起草规则》的规定起草。

请注意本文件的某些内容可能涉及专利，本文件的发布机构不承担识别专利的责任。

本文件由宁夏回族自治区科技厅提出。

本文件由宁夏回族自治区农学会归口。

本文件起草单位：宁夏回族自治区畜牧工作站、宁夏回族自治区兽药饲料监察所、宁夏回族自治区农业环境保护监测站、宁夏大学、宁夏农垦乳业股份有限公司。

本文件主要起草人：郝峰、毛春春、温万、张凌青、张婚雯、李世忠、刘超、厉龙、朱继红、王兰、冯存丽、虎雪姣、任宇佳、脱征军、张宇、邵怀峰、田佳、刘维华，周佳敏、许立华、徐寒、路婷婷、马苗苗、侯丽娥、李肖。

宁夏规模奶牛场粪水处理还田利用技术规程

1　范围

本文件规定了宁夏规模奶牛场粪水处理还田利用的基本要求、收集与运输、预处理、无害化处理、贮存要求、检测与安全、还田等要求。

本文件适用于宁夏规模奶牛场粪水经无害化处理后作为肥料在农田中的使用。

2　规范性引用文件

下列文件中的内容通过文中的规范性引用而构成本文件必不可少的条款。其中，注日期的引用文件，仅该日期对应的版本适用于本文件；不注日期的引用文件，其最新版本（包括所有的修改单）适用于本文件。

GB 7959　粪便无害化卫生要求

GB 18596　畜禽养殖业污染物排放标准

GB/T 25246　畜禽粪便还田技术规范

GB/T 26624　畜禽养殖污水贮存设施设计要求

GB/T 36195　畜禽粪便无害化处理技术规范

GB 38400　肥料中有毒有害物质的限量要求

3　术语和定义

下列术语和定义适用于本文件。

3.1　粪水（Manure water）

奶牛养殖过程中产生的粪便、尿液、外漏饮水、冲洗水以及牛粪经过干湿分离后的液体，统称为粪水，其固形物含量5%以下。

3.2　无害化处理（Sanitation treatment）

利用高温、厌氧、好氧发酵等技术杀灭粪水中的病原菌、寄生虫（卵）、杂草种子、除去臭气的过程。

4　基本要求

4.1　新建、扩建和改建的规模奶牛场要实施雨污分流、固液分离，应建设与养殖量配套的粪污处理设施设备，做到防雨、防渗、防溢流。建设要求按照 GB/T 26624 规定执行。

4.2　粪水还田施用量、施用时间和方式应符合农艺要求。

5　收集与运输

5.1　奶牛养殖过程中宜采用干清粪工艺，减少污染排放量，已建成的规模奶牛场要逐步改进清粪工艺。不同清粪工艺最高允许排水量按照 GB 18596 规定执行。

5.2　规模奶牛场粪水收集与运输必须严格遵守畜禽养殖卫生防疫制度，场内粪水运输宜采用管道（沟渠）输送方式，做到防扬撒、防流失、防渗漏。运出场区应进行无害化或肥料化处理，防止疫病传播和污染环境。

6　预处理

6.1　粪水无害化处理前应进行预处理，去除砂石及其他不易生物降解的物质。

6.2　预处理设施设备包括格栅式、沉砂池、固液分离机等。

7　无害化处理

7.1　经预处理的粪水进入敞口、密闭或半密闭的储存设施发酵，无害化处理按照 GB/T 36195 规定执行。
7.2　粪水贮存发酵过程中可添加适量的生物发酵剂，加快粪水发酵、降低储存时间、减少气体排放。

8　贮存要求

8.1　规模奶牛养殖场应设置专门的粪水贮存设施，设施建设和容积应符合 GB/T 26624 规定。
8.2　规模奶牛养殖场粪水贮存设施应设置明显警示标志，安装临池防护栏等防护措施，保证人畜安全。
8.3　粪水贮存期应以粪水发酵后达到安全指标确定。

9　检测与安全要求

9.1　感官要求：外观颜色为灰褐色、褐色或棕色液体。气味为轻微酸味，无刺激、无腐臭等异味。
9.2　粪水无害化处理后进入农田前，粪水中蛔虫卵死亡率、粪大肠杆菌数等卫生学指标应符合 GB 7959 规定，粪水中重金属含量应符合 GB 38400 规定。

10　粪水还田

10.1　制订还田计划

综合考虑气候特点、土壤类型、土壤墒情、作物养分需求、耕作制度、粪水养分含量、粪水施用机械装备条件等内容，因地制宜制订粪水还田计划，粪水还田过程应建立记录台账。无害化处理后粪水还田利用应符合 GB/T 25246 规定。

10.2　粪水输送

管网输送时，其设计应具有防爆、抗堵等安全保障功能，管道宜采用埋设，埋设深度应大于冻土层深度，管线布置要避免迂回曲折和相互交叉。罐车输送时，其外观应保持清洁，运输过程严防跑、冒、滴、漏。

10.3　田间应建设粪水临时贮存设施，便于养分的调配，设计要求按照 GB/T 26624 规定执行。
10.4　采用水肥一体化施用的，应建设具有过滤装置的调质池。
10.5　粪水单独或与其他肥料混合使用时，粪水还田量以作物养分需求为基准测算，不应对环境和作物产生不良后果。